普通高等教育计算机专业"十四五"系列教材

精讲多练C#

杨 琦 编著

冯博琴 主审

西安交通大学出版社
XI'AN JIAOTONG UNIVERSITY PRESS

内容简介

本书采用"精讲多练"的教学方式,详尽介绍了 C♯ 程序设计的各种技术,并通过丰富的例题帮助读者迅速掌握这一技术。

全书共分 9 章,内容包括 C♯ 与.NET 框架、数据类型与表达式、控制结构、数组与集合、方法、类与对象、继承与多态、泛型类与异常处理、文件与流。每章内容按学习目标、授课内容、自学内容、调试技术等专题精心组织,从而做到条理清楚、逻辑分明。每章结合知识讲解选编了大量程序设计实例,予以详细剖析,章末还选编了一定数量的上机练习题,以达到使读者"多练"并学以致用的目的。

本书适合程序设计零基础的读者学习,可作为高等学校理工类专业计算机程序设计课程的教材或参考书,也可供计算机应用开发人员学习参考。

图书在版编目(CIP)数据

精讲多练 C♯ /杨琦编著;冯博琴主审. —西安:西安交通大学出版社,2022.4
(2022.8 重印)
ISBN 978 - 7 - 5693 - 2529 - 4

Ⅰ. ①精… Ⅱ. ①杨… ②冯… Ⅲ. ①C 语言-程序设计 Ⅳ. ①TP312.8

中国版本图书馆 CIP 数据核字(2021)第 278020 号

书 名	精讲多练 C♯	
	JINGJIANG-DUOLIAN C♯	
编 著	杨 琦	
主 审	冯博琴	
责任编辑	贺峰涛	
责任校对	李 佳	
装帧设计	伍 胜	
出版发行	西安交通大学出版社	
	(西安市兴庆南路 1 号 邮政编码 710048)	
网 址	http://www.xjtupress.com	
电 话	(029)82668357 82667874(市场营销中心)	
	(029)82668315(总编办)	
传 真	(029)82668280	
印 刷	西安日报社印务中心	
开 本	787 mm×1092 mm 1/16 印张 12 字数 303 千字	
版次印次	2022 年 4 月第 1 版 2022 年 8 月第 2 次印刷	
书 号	ISBN 978 - 7 - 5693 - 2529 - 4	
定 价	36.00 元	

如发现印装质量问题,请与本社市场营销中心联系。
订购热线:(029)82665248 (029)82667874
投稿电话:(029)82664954
读者信箱:eibooks@163.com

前　言

　　Visual C♯. Net 是目前最新和最先进的软件开发工具之一,它汇集了 Microsoft 公司的技术精华。相较于原来的 Visual C++. Net 语言,Visual C♯. Net 在 ATL、DCOM、MFC、数据库等很多方面都做了改进,尤其在开发环境界面上变化很大,采用了全新的平面化操作界面,较其他同类产品具有明显的优势。

　　Visual C♯ 程序设计对于理工科大学生又是一门非常重要的课程。2006 年教育部发布的《关于进一步加强高等学校计算机基础教学的意见暨计算机基础课程教学基本要求》(简称“白皮书”)提出,理工类非计算机专业大学生计算机基础课程设置方案为“1+X”,即 1 门“大学计算机基础”(必修),加上几门重点课程(必修或选修),如程序设计、多媒体技术、网络和数据库等。如果不学习 Visual C♯ 程序设计就很难掌握多媒体技术、网络和数据库的实现手段,也就难以真正理解这些课程中的一些重要原理和概念。因此,对理工科大学生来说,学好 Visual C♯ 既是十分重要的,也是非常必要的。而如何使学生比较容易地学习 Visual C♯,则是本书编写的初衷。

　　本书是 Visual C♯ 的入门教科书,定位于非计算机专业学生程序设计能力的培养。为了降低学习难度,使基础不高的初学者也能很快掌握程序设计方法,本书在内容的选取和编排上力求做到精益求精,而对于非主流技术的内容则坚决删除。本书的具体特点如下:

　　(1)在设计本教材的内容时,以面向对象和结构化的程序设计思想贯穿全书。

　　(2)重点介绍几个而不是全部具体的. Net Framework 类库,过渡平缓,对初学者来说,入门容易。

　　(3)内容完整,难度适中,每道例题的代码并不很多,容易理解,对于常用的类库也做了详细的介绍。

　　(4)举例恰当,方法适用,技巧很有代表性。

　　本教材共分 9 章,每章都介绍了相关的基础知识,并通过典型案例讲解该章的重点和难点。

　　第 1 章简要介绍了. NET 的框架以及与 C♯ 的关系,并重点介绍了 Visual Studio 平台的安装及其主要功能等内容。

　　第 2 章主要介绍了数据类型、变量与常量、数据类型的转换、运算符与表达式等相关知识。

　　第 3 章主要介绍了顺序结构、分支结构、循环结构与跳转语句的基本知识及应用。

　　第 4 章主要介绍了数组与集合的基础知识。

第 5 章主要介绍方法的编写和调用,以及方法的参数传递、方法重载等知识。

第 6 章主要介绍面向对象的程序设计思想,类和对象的概念,包括类的定义、对象的声明和引用等。

第 7 章主要介绍如何从基类派生出新类,派生类对基类成员的访问控制问题,派生类的构造和析构函数。

第 8 章主要介绍.Net Framework 类库提供的常用泛型类,泛型方法和异常类的使用方法。

第 9 章主要介绍对文件、文件夹的操作,以及如何对文件进行数据流读写等内容。

为了保证教学效果,建议在条件许可的情况下,最好直接在计算机房采用联机电化教学方式开展本课程的教学。在这种情况下,每章可使用连续的 4 课时,先由教师对"授课内容"进行讲解,并对"自学内容"和"调试技术"进行简短的指导(共 2 学时),然后学生即可在教师指导下上机练习(2 学时)。除此之外,如果能够提供一定数量的课外机时(如 20~30 小时)给学生,使学生进一步巩固所学知识则更好。

在本书编写过程中,得到了冯博琴教授、刘路放教授和罗建军副教授的指导和帮助,田晓珍、惠雨洁和韩鑫对本书的文字进行了校对,我也和同事李波、赵英良、乔亚男、崔舒宁、夏秦、仇国巍、卫颜俊和黄鑫等进行了多次交流,受益匪浅,在此对他们表示衷心感谢。

如果读者需要本书部分程序的源代码,可发电子邮件给作者(E-mail:yangqi@mail.xj-tu.edu.cn)或责任编辑(E-mail:eibooks@163.com)索取,也可和作者或责任编辑交流有关本书的其他问题。

由于水平有限,不足之处在所难免,恳请广大读者批评指正。

作 者

2022 年 2 月

于西安交通大学计算机科学与技术学院

目　录

第1章

C♯与.NET框架

学习目标

　　了解 C♯程序的基本特点,熟悉 Visual Studio 集成开发环境的基本使用方法。

　　掌握 C♯程序的基本结构以及在计算机上输入、编译、调试和运行 C♯程序的基本方法和步骤。

授课内容

1.1　C♯程序结构

　　使用计算机工作是通过相应的应用软件进行的,如用于文字处理的 Word、科学计算的 MATLAB、表格处理的 Excel 和各种数据库软件等,这些软件均由专业软件开发人员设计编程。一般来说,日常工作中遇到的任务大多数均可借助现成的应用软件完成,但有时仍需为具体问题自行开发相应的软件。特别是在工程应用领域中,解决各类项目中可能遇到的大量具体问题,使用通用的软件不仅效率低下,还可能无法完成任务。在这种情况下,自行编制具有针对性的相应软件可能是唯一的解决方法。

　　为计算机编写软件需要使用程序设计语言。目前可用的计算机语言很多,各有其特点。有些适用于开发数据库应用程序,有些适用于开发科学计算程序,有的简便易学,有的功能全面。在本课程中,我们介绍 C♯语言。

1.1.1　C♯语言简介

　　2000 年 Microsoft 公司推出了 C♯编程语言。C♯是由 Microsoft 公司的安德斯·海森博格(Anders Hejlsberg)和斯科特·威尔塔莫斯(Scott Wiltamuth)领导的小组开发的,作为.NET 平台上的语言,使程序可以方便地集成到.NET。C♯源于 C、C++和 Java,采众家之所长并增加了自己的新特性。C♯是面向对象的,包含强大的预建组件类库,使程序员可以迅速地开发程序。

首先来看一个简单例子，以便让读者对 C♯ 程序有一个初步的认识。

【例 1 - 1】　第一个 C♯ 程序，在计算机屏幕上显示：Hello World!

程序：

```
using System;
class Program
{
    static int Main()
    {
        Console.WriteLine("Hello World!");
        return 0;
    }
}
```

输出结果：

Hello World!

注意：C♯编译器区分字母的大小写，即将大写字母和相应的小写字母当作不同的字符。

1.1.2　C♯程序的基本结构

1. using

using 关键字的功能是导入其他命名空间中定义的类型，包括. NET 类库。例如，代码中使用的 Console. WriteLine 实际上是一个简写，其全称是 System. Console. WriteLine，但由于在代码的开始使用 using 指令引入了 System 命名空间，所以后面可以直接使用 Console. WriteLine 来进行输入。

2. class

class 是用于定义类的关键字。C♯ 是一种完全面向对象的语言，每一个 C♯ 程序中至少应包括一个自定义类，如例 1 - 1 中的 Program 类。class 关键字后面紧跟类名，类名后的左大括号"｛"表示类定义的开始，右大括号"｝"表示类定义的结束。C♯ 中括号必须成对出现，否则会产生编译错误。

3. Main 方法

C♯ 创建的可执行程序中必须包含一个 Main 方法。该方法是程序的入库点，即程序执行时依次执行 Main 方法中的代码。

4. 代码注释

C♯ 的注解有两种形式：一种以两个斜杠符"//"起头，直至行末；另一种是用斜线和星号组合 "/ ＊"和"＊/"括起的任意文字，多用于注解篇幅多于一行的情况。代码注释的作用是提高程序的可读性，使得程序更易于阅读，并且能被其他程序开发人员所理解，便于协作开发。

1.1.3　在 CMD 命令行下编译 C♯ 文件

C♯ 程序的主要开发环境是微软的 Visual Studio,但也可以直接使用文本编辑器编写 C♯ 程序,然后使用命令行编译器 csc. exe 编译程序。以例 1 - 1 为例,将该文件保存为 cs0101. cs,"cs"是 C♯ 源文件的扩展名。编译 C♯ 程序需要. NET 平台的 C♯ 编译器 csc. exe,当文件保存在 D 盘时,先在命令行输入"d:"进入 D 盘,然后在命令行指定源文件 名,如下所示:

D:\>csc cs0101.cs

执行上述命令后,csc 编译器将创建一个名为 cs0101. exe 的文件,执行该文件就可以得到输 出结果,如图 1 - 1 所示。

cs0101.cs　　　　　　　cs0101.exe

图 1 - 1　在 CMD 命令行下编译 C♯ 程序生成的文件

在 CMD 命令行下编译 C♯ 文件的步骤如下:

(1)打开 C 盘,找到 csc. exe 文件所在的目录,复制路径

C:\Windows\Microsoft. NET\Framework64\v4. 0. 30319

(2)右键单击"我的电脑",选择"属性"。

(3)点击左侧的"高级系统设置"选项。

(4)在弹出的界面中点击底部的"环境变量"按钮。

(5)在"PATH 环境变量"栏内添加刚才复制的 csc. exe 所在的目录。

(6)准备一个要编译的 C♯ 文件。

(7)打开 CMD 命令行,先进入 C♯ 文件所在的位置,然后输入 csc program. cs 命令即可 编译 C♯ 文件(program 为文件名,如上例中的 cs0101)。

(8)打开编译后的文件就可以看到 C♯ 文件的输出内容。

1.2　. NET 框架

C♯ 就其本身而言只是一种语言,尽管它是用于生成面向. NET 环境的代码,但它本身 不是. NET 的一部分。. NET 支持的一些特性,C♯ 并不支持。而 C♯ 语言支持的另一些特 性,. NET 却不支持(如运算符重载)。

. NET 框架应用程序是多平台的应用程序。框架的设计方式使它适用于下列各种语 言:C♯ 、C++、Visual Basic、Jscript、COBOL 等等。所有这些语言可以访问框架,彼此之间 也可以互相交互。

. NET 框架由一个巨大的代码库组成,用于 C♯ 等客户端语言。下面列出一些. NET 框架的组件:

(1)公共语言运行库(Common Language Runtime,CLR);

(2).NET 框架类库(.NET Framework Class Library);

(3)公共语言规范(Common Language Specification);

(4)通用类型系统(Common Type System);

(5)元数据(Metadata)和组件(Assemblies);

(6)Windows 窗体(Windows Forms);

(7)ASP.NET 和 ASP.NET AJAX;

(8)ADO.NET 是基于.NET Framework 的新一代数据访问技术;

(9)Windows 工作流基础(Windows Workflow Foundation,WF);

(10)Windows 显示基础(Windows Presentation Foundation);

(11)Windows 通信基础(Windows Communication Foundation,WCF);

(12)LINQ 语言集成查询(Language Integrated Query)。

微软(Microsoft)提供了下列用于 C# 编程的开发工具:

(1)Visual Studio (VS);

(2)Visual C# Express (VCE);

(3)Visual Web Developer。

后面两个是免费使用的,可从微软官方网站下载。

.NET 采用特殊的方式编译和执行各种应用程序。编译时,内置的语言编译器首先将应用程序编译为微软中间语言(Microsoft Intermediate Language,MSIL)。MSIL 由.NET 框架中的组件 CLR 管理和执行。在进行第二步编译时.NET 框架采用了一种名为即时编译(Just In Time,JIT)的技术。JIT 将 MSIL 代码转换为可以直接由 CPU 执行的机器代码,一旦编译成功,在下一次被调用时也无须再次编译。

需要强调的是,在.NET 框架支持的语言中,各种语言在第一步编译时都被编译成 MSIL 代码。而 MSIL 代码是不存在语言差别的,它是独立于任何一种硬件平台和操作系统的。因此,语言之间可以实现相互调用和代码共享,开发人员可以任意选用自己熟悉的.NET 编程语言。

1.3　控制台的输入与输出

一个实际的程序,总是离不开输入和输出的。输入和输出依靠预先提供的方法来完成。这些方法都包含在 Console 类当中。Console 类中的方法都是静态的,因此不需要创建一个 Console 类的对象(实例)。本节使用 Console 类的几个静态方法来读写数据,这些方法在编写基本的 C# 程序时非常有效。

1.3.1　控制台的简介

控制台是一个操作系统窗口,用户可在其中通过计算机键盘输入文本,并从计算机终端读取文本输出,从而与操作系统或基于文本的控制台应用程序进行交互。Console 类对从控制台读取字符并向控制台写入字符的应用程序提供基本支持。Console 类提供用于从控制台读取单个字符或整行的方法;该类还提供若干写入方法,可将值类型的实例、字符数组以及对象集自动转换为格式化或未格式化的字符串,然后将该字符串写入控制台。

1.3.2　Console 类的几个输出输入方法

1. Console. WriteLine 方法

该方法实现将内容输出到控制台当中。Console. WriteLine 方法后面的括号中包含了输出的内容,这部分输出的内容被称为参数。例如:

```
Console.WriteLine ("{0} + {1} = {2}",X,Y,X + Y);
```

在上面的语句中,最终输出的是 WriteLine 参数的第一个字符串{0}+{1}={2},但是{0}等是占位符,实际输出的时候,{0}、{1}和{2}的值将被 X、Y 和 X+Y 的值所取代。因此,也要求占位符的个数应该和后面替换的参数个数一致且一一对应。

也可以为值指定宽度,调整文本在该宽度中的位置,正值表示右对齐,负值表示左对齐。为此可以使用格式{n,w},其中 n 是参数索引,w 是宽度值。例如:

```
int i = 123,j = 32;
Console.WriteLine (" {0,4}\n + {1,3}\n - - - \n {2,4}",i,j,i + j);
```

得到的结果是:

```
        123
      +  32
      - - -
        155
```

最后,还可以添加一个格式字符串以及一个可选的精度值,使用格式字符串,应把它放在给出参数个数和字段宽度的标记后面,并用一个冒号把它们分隔开。例如:

```
int i = 123;
double j = 32.3;
Console.WriteLine("{0:F2} + {1:F2} = {2:F2}",i,j,i + j);
```

得到的结果是:

```
123.00 + 32.30 = 155.30
```

2. Console. Write 方法

Console. Write 方法的使用同 Console. WriteLine 一样,不同的是,Console. WriteLine 输出后会自动换行,而 Console. Write 输出后不换行。

3. Console. ReadLine 方法

Console. ReadLine 方法的功能是输入一行内容。程序执行到该语句时,光标停留在控制台中,等待用户的输入。用户输入内容后按回车键,程序将继续执行。

4. Console. Read 方法

Console. Read 方法的功能是读取一个字符。因此在实际使用时 Console. ReadLine 使用得更多一些。

【例 1-2】　温度转换:输入一个华氏温度的值,计算并输出对应的摄氏温度值。

程序:

```
using System;
```

```
class Program
{
    static int Main()
    {
        double c, f;
        Console.WriteLine("请输入一个华氏温度:");
        f = Convert.ToDouble(Console.ReadLine());
        c = 5.0/9.0 * (f - 32);
        Console.WriteLine("对应于华氏温度" + f + "的摄氏温度为" + c);
        return 0;
    }
}
```

输入和输出:

请输入一个华氏温度:

100

对应于华氏温度 100 的摄氏温度为 37.7777777777778

分析:本例中使用了 System.Convert 类进行数据的转换,常用的数据转换方法如下:

(1)Convert.ToInt32(),转换为整型(int);

(2)Convert.ToChar(),转换为字符型(char);

(3)Convert.ToString(),转换为字符串型(string);

(4)Convert.ToDateTime(),转换为日期型(datetime);

(5)Convert.ToDouble(),转换为双精度浮点型(double);

(6)Convert.ToSingle(),转换为单精度浮点型(float)。

1.4　应用程序举例

【**例 1 - 3**】　加法计算器程序。

程序:

```
using System;
class Program
{
    static int Main()
    {
        double a, b, c;
        Console.WriteLine("Please input two numbers:");
        a = Convert.ToDouble(Console.ReadLine());
        b = Convert.ToDouble(Console.ReadLine());
        c = a + b;
        Console.WriteLine("{0} + {1} = {2}", a, b, c);
```

```
    return 0；
    }
}
```

输入和输出：

```
Please input two numbers：
12.0
34.0
12 + 34 = 46
```

分析：本例使用了双精度浮点类型的变量进行运算，所以可以计算小数加法。程序在接收输入数据之前首先显示一行提示信息，告诉用户应该如何输入数据，并在输出结果时同时输出了计算公式。这些做法都是为了方便用户，是编写应用程序的基本要求。

【例 1-4】 计算太阳和地球之间的万有引力。

算法：由普通物理知，两个质量分别为 m_1 和 m_2 的物体之间的万有引力 F 与两个物体质量的乘积成正比，与两个物体质心之间的距离 R 的 2 次方成反比：

$$F = G \frac{m_1 \times m_2}{R^2}$$

式中的 G 为引力常量，其具体数值与式中各量的量纲有关。如果取质量的单位为千克（kg），距离的单位为米（m），力的单位为牛（N），则

$$G \approx 6.666667 \times 10^{-11} \text{ N} \cdot \text{m}^2 / \text{kg}^2$$

因此，只要将太阳的质量 1.989×10^{30} kg 和地球的质量 5.965×10^{24} kg 以及两者之间的距离 1.496×10^{11} m 代入上式，即可算出太阳和地球之间的万有引力。

程序：

```
using System;
class Program
{
    static int Main()
    {
        double Gse, M1, M2, Distance；
        double G = 6.67E - 11；
        M1 = 1.989E30；
        M2 = 5.965E24；
        Distance = 1.496E11；
        Gse = G * M1 * M2/(Distance * Distance)；
        Console.WriteLine("The gravitation between sun and earth is {0} N."，Gse)；
        return 0；
    }
}
```

输出：

The gravitation between sun and earth is 3.53596435190812E + 22 N .

【例 1 - 5】 显示生日卡。

该程序首先要求输入收信人和发信人的姓名，然后在屏幕上显示出完整的生日卡。

程序：

```csharp
using System;
class Program
{
    static int Main()
    {
        stringname1,name2;
        Console.Write("Please input your friend′s name:");
        name1 = Console.ReadLine();
        Console.Write("Please input your name:");
        name2 = Console.ReadLine();
        Console.WriteLine(" ================================= ");
        Console.WriteLine("My dear {0}",name1);
        Console.WriteLine("   Happy birthday to you!");
        Console.WriteLine("                yours,");
        Console.WriteLine("                 {0}",name2);
        Console.WriteLine(" ================================= ");
        return 0;
    }
}
```

输入和输出：

```
Please input your friend's name: Zhang
Please input your name: Li

=================================
My dear Zhang,
  Happy birthday to you!
                yours,
                 Li

=================================
```

分析： 该程序可以通过输入收信人和发信人的姓名来构造相应的生日卡。

注意： 程序中使用了 string 类存放表示收信人和发信人名字的字符串。字符串是一个特殊的对象，属于引用类型。string 类对象创建后，字符串一旦初始化就不能更改。对 string 类的任何改变，都是返回一个新的 string 类对象。

【例 1-6】　使用梯形法计算定积分 $\int_a^b f(x)\mathrm{d}x$，其中 $a=0, b=1$，被积函数为 $\sin x$，取积分区间等分数为 1000。

　　算法：将积分区间等分为 n 份，其中第 i 个小区间上的定积分

$$\int_{a+ih}^{a+(i+1)h} f(x)\mathrm{d}x$$

可以使用如图 1-2 所示的梯形的面积来近似：

$$\int_{a+ih}^{a+(i+1)h} f(x)\mathrm{d}x \approx \frac{h}{2}\{f(a+ih)+f[a+(i+1)h]\}$$

因此整个积分区间上的定积分可表示为

$$\int_a^b f(x)\mathrm{d}x \approx \sum_{i=1}^n \frac{h}{2}\{f(a+ih)+f[a+(i+1)h)]\}$$

$$= h\left[\frac{f(a)+f(b)}{2}+\sum_{i=1}^{n-1} f(a+ih)\right]$$

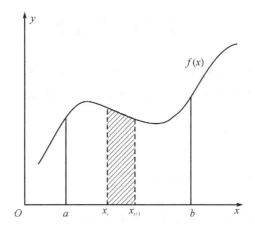

图 1-2　梯形积分原理

　　程序：

```
using System;
class Program
{
    static int Main()
    {
        double a, b;
        double h;
        double sum;
        int n;
        int i;
        a = 0.0;
```

```
        b = 1.0;
        n = 1000;
        h = (b - a)/n;
        sum = (Math.Sin(a) + Math.Sin(b))/2;
        for (i = 1; i<n; i = i + 1)
            sum = sum + Math.Sin(a + i * h);
        sum = sum * h;
        Console.WriteLine("The result is {0}", sum);
        return 0;
    }
}
```

输出：

The result is 0.459697655823718

1.5　算法与程序

要编写用于解决应用问题的程序，首先必须确定解决问题的方案，也就是算法。例如，对于问题——给定两个正整数 p 和 q，求其最大公因数，古希腊数学家欧几里得（Euclid）给出了一个著名的算法：

步骤 1：如果 $p<q$，交换 p 和 q。

步骤 2：求 p/q 的余数 r。

步骤 3：如果 $r=0$，则 q 就是所求的结果；

　　　　否则，

　　　　　　令 $p=q,q=r$，重新计算 p 和 q 的余数 r，

　　　　直到 $r=0$ 为止，

　　　　则 q 就是原来的两正整数的最大公因数。

从原则上说，有了算法，人们就可以借助纸、笔和算盘等工具直接求解问题了。但如果问题比较复杂，计算步骤很多，则应通过编程，使用计算机解决。

【例 1-7】 使用欧几里得算法，编写一个程序求解任意两个正整数的最大公因数。

程序：

```
using System;
class Program
{
    static int Main()
    {
        //说明三个整型变量 p,q,r
        int p, q, r;
        //提示用户由键盘输入两个正整数
```

```
Console.WriteLine("Please input two integernumbers:");
p = Convert.ToInt32(Console.ReadLine());
q = Convert.ToInt32(Console.ReadLine());
//如果 p<q,交换 p 和 q
if (p<q)
{
    r = p;
    p = q;
    q = r;
}
//计算 p 除 q 的余数 r
r = p % q;
//只要 r 不等于 0,重复进行下列计算
while (r ! = 0)
{
    p = q;
    q = r;
    r = p % q;
}
//输出结果
Console.WriteLine("The maximum common divisor is {0}.", q);
return 0;
    }
}
```

输入和输出:

Please input two integernumbers:

12

18

The maximum common divisor is 6.

分析: 可以看出,该程序的主体部分几乎与原算法完全相同,只是增加了一些 C♯ 语言特有的内容。

程序下面的部分就是欧几里得算法的具体实现了。可以看出,C♯ 程序类似于自然语言,只是结构更加严谨,对照前面的算法不难理解。

程序中的最后一个语句是输出语句,将计算结果显示在计算机屏幕上。

自学内容

1.6　C♯的标识符

标识符是用来识别类、变量、函数或任何其他用户定义的项目。在 C♯ 中,类的命名必须遵循如下基本规则:

(1)标识符必须以字母、下划线或 @ 开头,后面可以跟一系列的字母、数字(0～9)、下划线(_)。

(2)标识符中的第一个字符不能是数字。

(3)标识符必须不包含任何嵌入的空格或符号,比如 ? — + ! ♯ % ^ & * ( ) [ ] { } . ; ; '" / \。

(4)标识符不能是 C♯ 关键字。除非它们有一个 @ 前缀。例如,@if 是有效的标识符,但 if 不是,因为 if 是关键字。

(5)标识符必须区分大小写。大写字母和小写字母被认为是不同的字母。

(6)不能与 C♯ 的类库名称相同。

(7)标识符也可以包含 Unicode 字符,用语法\uXXXX 来指定,其中 XXXX 是 Unicode 字符的 4 位十六进制编码。例如:_Identifier 和\u005fIdentifier 这两个标识符完全相同,可以互换(因为 005f 是下划线字符的 Unicode 代码),所以这些标识符在同一个作用域内不要声明两次。

在 C♯ 中,主要包含下列关键字:

　　abstract, as, base, bool, break, byte, case,
　　catch, char, checked, class, const, continue, decimal,
　　default, delegate, do, double, else, enum, event,
　　explicit, extern, false, finally, fixed, float, for,
　　foreach, goto, if, implicit, in, int,
　　interface, internal, is, lock, long, namespace, new,
　　null, object, operator, out, override, params,
　　private, protected, public, readonly, ref, return, sbyte,
　　sealed, short, sizeof, stackalloc, static, string, struct,
　　switch, this, throw, true, try, typeof, uint,
　　ulong, unchecked, unsafe, ushort, using, virtual, void,
　　volatile, while

这些关键字用于表示 C♯ 本身的特定成分,具有相应的语义。程序员在命名变量、数组和函数的名称时,不能使用这些标识符。

在 C♯ 字符集中标点和特殊字符有各种用途,从组织程序文本到定义编译器或编译的程序的执行功能。C♯ 的标点有:

　　! % ^ & * ( ) - + = { } | ~

[ ]＼；'："＜＞？，．／♯

这些字符在 C♯中均具有特定含义。

调试技术

1.7　Visual Studio 的集成开发环境

在 Visual Studio. NET 集成开发环境下,可以开发多种不同类型的应用程序。最常见的有以下几种:

(1)控制台应用程序:这类应用程序是运行在 DOS 中的纯文本应用程序。控制台应用程序以流的方式输入和输出数据,一般用于创建 Windows 命令行应用程序。

(2)Windows 窗体应用程序:这类应用程序就像 Microsoft Office,具有 Windows 外观和操作方式。使用. NET Framework 的 Windows Forms 模块就可以生成这种应用程序。此类程序根据用户的操作进行不同的处理,操作主要体现为鼠标的单击和键盘的输入。Windows 窗体应用程序类型的程序一般需要用户在本机安装,进行的是本机的操作。如果有服务端的程序,则称为客户机/服务器(Client/Server,C/S)程序。

(3)ASP. NET 网站:Active Server Pages. NET(简称 ASP. NET)就是制作 Web 页面、建网站,可以通过任何 Web 浏览器查看。. NET Framework 包括一个动态生成 Web 内容的强大系统。ASP. NET 网站完全部署在服务器端,用户只需一个标准的浏览器即可使用,因此被称为浏览器/服务器(Browser/Server,B/S)程序。

下面举例说明如何使用 Visual Studio 2013 创建一个完整的 C♯控制台程序。

(1)启动 Visual Studio 2013,如图 1-3 所示。选择新建项目(也可以在菜单"文件"中依次选择"新建""项目")。

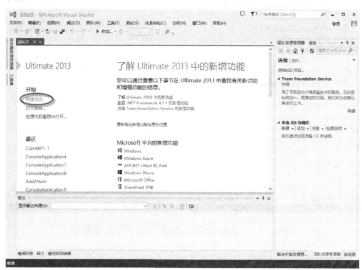

图 1-3　Visual Studio 2013 中新建一个项目

（2）在弹出的对话框中，依次选择"Visual C♯""控制台应用程序"，并拟定一个合适的名称，然后按"确定"按钮，如图 1-4 所示。

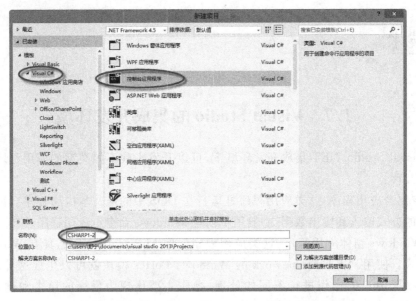

图 1-4　选择合适的模板，建立 Visual C♯ 控制台应用程序

（3）在随后出现的窗口中，Visual Studio 创建了文件 program. cs（这里的 program 代表文件名），并在里面添加了一些代码，如图 1-5 所示。

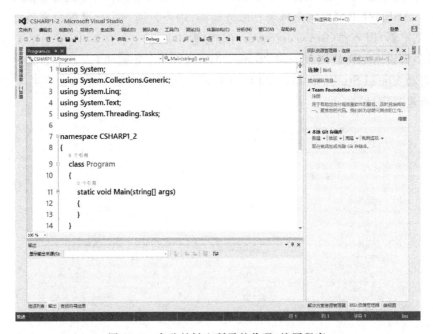

图 1-5　在此处键入所需的代码，编写程序

（4）补充输入完整的程序。

【**例 1 - 8**】　求两个数的较大值的程序。

程序：

```
using System;
class Program
{

    static void Main()
    {
        double a, b, y;
        a = Convert.ToDouble(Console.ReadLine());
        b = Convert.ToDouble(Console.ReadLine());
        if (a > b)
            y = a;
        else
            y = b;
        Console.WriteLine("{0},{1}的较大值是{2}", a, b, y);
    }
}
```

输入和输出：

1

2

1,2 的较大值是 2

在 class Program 中含有方法 Main,对于每一个 C♯程序,至少应该含有一个 Main 方法,它是整个程序执行的起点。同时注意到 Main 方法的前面有一个 static 的修饰符,该修饰符会在后面详细讨论,此处需要知道的是：含有 static 修饰的方法不需要实例化,可以直接执行。

编写好程序后,按下 Ctrl＋F5 就可看到程序运行的结果。

上机练习题

1. 在计算机屏幕上显示：I am a student, and I like programming!
2. 输入长、宽、高(为实数),计算长方体的表面积和体积。
3. 输入 n,计算

$$y = \left(1 + \frac{1}{n}\right)^n$$

的函数值。

提示：使用 Math.Pow 函数,编程时 1 应写为 1.0,n 为整数。当 $n \to \infty$ 时,$y \to e$,试着输入几个较大的数(如 100、200、500),看计算结果。

4. 输入大于 0 的数 x , 计算函数

$$y = \sin x - \ln x + \sqrt{x} - 5$$

的函数值。

5. 输入 x , 计算

$$y = \frac{x}{\sqrt{x^2 - 3x + 2}}$$

的函数值。

提示：x^2 通过 $x * x$ 来计算, $3x$ 写成表达式时不能省略乘法运算符 "$*$"。

第2章
数据类型与表达式

学习目标

掌握 C♯ 的基本数据类型,包括字符型、整型、长整型、浮点和双精度数据类型的基本概念,以及常量、变量的使用方法。

掌握 C♯ 的运算符和运算符优先级等概念。

授课内容

2.1 数据类型

程序处理的对象是数据。数据有许多形式,如数值数据、文字数据、图像数据以及声音数据等,但其中最基本的也是最常用的是数值数据和文字数据。

无论什么数据,计算机在对其进行处理时都要先存放在内存中。显然,不同类型的数据在存储器中存放的格式也不相同,甚至同一类数据,为了处理方便也可以使用不同的存储格式。在 C♯ 中,数据分为以下几种类型:

(1)值类型(Value types);

(2)引用类型(Reference types);

(3)指针类型(Pointer types),C♯ 强调尽量不使用指针类型。

C♯ 数据类型见表 2-1。

表 2-1　C♯ 数据类型

类　别		说　明
值类型	简单类型	有符号整型:sbyte,short,int,long
		无符号整型:byte,ushort,uint,ulong
		Unicode 字符型:char
		IEEE 浮点型:float,double
		高精度小数:decimal
		布尔型:bool
	枚举类型	enum {...}形式的用户定义的类型
	结构类型	struct {...}形式的用户定义的类型

类 别		说 明
引用类型	类类型	所有其他类型的最终基类：object
		Unicode 字符串：string
		class {…} 形式的用户定义的类型
	接口类型	interfaceI {…} 形式的用户定义的类型
	数组类型	一维和多维数组，例如 int[] 和 int[,]
	委托类型	delegate (…) 形式的用户定义的类型

1. 值类型

值类型的数据，在内存中直接存放该数据的值。基于值类型的变量直接包含值，并且将该值存储在栈(stack)中。将一个值类型变量赋给另一个值类型变量时，将直接复制包含的值。

值类型的典型例子包括整型数、实型数、枚举、结构等。

2. 引用类型

基于引用类型的实例(又称对象)，存储在堆(heap)中。堆实际上是计算机系统中的空闲内存。引用类型变量的值存储在栈(stack)中，但存储的不是引用类型对象，而是存储引用类型对象的引用，即地址。和指针所代表的地址不同，引用所代表的地址不能运算，只能引用指定类的对象。引用类型变量的赋值只复制对对象的引用，而不复制对象本身。

引用类型的典型例子包括类、数组、字符串、接口等。引用类型的各个分类将在后面的相关章节进行介绍。

2.1.1 整型数据的表示方法

在 C# 中，存放一个整数数据可以使用字符型、短整型、整型和长整型 4 种类型。这 4 种类型的格式相似，其最高位均为符号位，0 表示正值，1 表示负值。

字符型数据占用一个字节(Byte，简写为 B)，共 8 个 2 进制位，其中第 8 位是符号位，因此数值部分可用 7 个 2 进制位表示，即字符型可以表现的数值范围为 $-2^7 \sim 2^7-1$ ($-128 \sim 127$)；同理，短整型数据占用 2 个字节，可以表示的数值范围为 $-2^{15} \sim 2^{15}-1$ ($-32768 \sim 32767$)；整型数据占用 4 个字节，可以表示的数值范围为 $-2^{31} \sim 2^{31}-1$；长整型数据占用 8 个字节的存储空间，可以表示的数值范围为 $-2^{61} \sim 2^{61}-1$。

2.1.2 实型数据的表示方法

在日常生活或工程实践中，大多数数据既可以取整数数值，也可以取带有小数部分的非整数数值，例如物体的尺寸、重量，货物的金额等。

单精度浮点类型(float)数据使用 4 个字节存放数据，所以其精度有限，一般只有 6～7 位有效数字，取值范围为 $-3.4 \times 10^{38} \sim 3.4 \times 10^{38}$。有时可能需要进行精度特别高的计算，这时可以使用双精度类型(double)数据。双精度类型数据共占用 8 个字节,其有效数字可达 16~17 位(bit,简写为 b),double 型约为 $-1.7 \times 10^{308} \sim 1.7 \times 10^{308}$。十进制小数 decimal 约占 16 个字节,取值范围为 $-1.0 \times 10^{28} \sim 7.9 \times 10^{28}$。

【例 2-1】　根据三边长求三角形面积。

程序:

```
using System;
class Program
{
    static void Main()
    {
        double a, b, c, s, area;
        Console.WriteLine("Please input a, b, c = ");
        string str1 = Console.ReadLine();
        string []split = str1.Split (' ');
        a = Convert.ToInt32(split[0]);
        b = Convert.ToInt32(split[1]);
        c = Convert.ToInt32(split[2]);
        s = (a + b + c)/2;
        area = Math.Sqrt(s * (s - a) * (s - b) * (s - c));
        Console.WriteLine("area = {0}", area);
    }
}
```

输入和输出:

```
Please input a, b, c =
3 4 5
area = 6
```

2.2　常量

所谓常量是指在程序运行的整个过程中其值始终不可改变的量。类和结构可以将常量声明为成员。常量被声明为字段,必须在字段的类型前面使用 const 关健字。

常量必须在声明时初始化。C♯中常量的定义语法格式是:

　　[访问修饰符] const 数据类型 常量名称 = 常量值;

例如:

```
const int N = 10;
```

2.2.1　整型常量

整型常量的表示方法比较简单,直接写出其数值即可。例如:

　　0, 1, -2, 637, 32767, -32768, …

如果要指明一个整数数值使用长整型格式存放,可以在数值之后写一个字母 l 或 L。由于小写 l 很容易和数字 1 相混,建议使用大写字母 L 表示长整型常量。例如:

　　　0L,1L,−2L,637L,32767L,−32768L,…

2.2.2　实型常量

在 C♯ 中,可以使用浮点类型数据表示这类数据。浮点类型数据使用科学记数法表示:将数值分为尾数部分和指数部分,前者是一个纯小数,且小数点后第 1 位不为 0;后者是一个整数值。这两部分均可以为正或为负。实际数值等于尾数部分乘上 10 的指数部分的幂次。例如,圆周率 π 可以写成 $0.3141593×10^1$。

C♯ 中的浮点类型常量可以使用两种方式书写,一种是小数形式,例如:

　　　0.0,1.0,−2.68,3.141593,637.312,32767.0,−32768.0,…

这时应注意即使浮点类型常量没有小数部分也应补上".0",否则会与整型常量混淆。另一种是科学记数形式,其中用字母 e 或者 E 表示 10 的幂次,例如:

　　　0.0E0,6.226e−4,−6.226E−4,1.267E20,…

2.2.3　字符常量

在 C♯ 中,文字数据有两种:一种是单个的字符,一种是字符串。对于字符数据来说,实际上存储的是其编码。由于英语中的基本符号较少,只有 52 个大小写字母、10 个数字、空格和若干标点符号,再加上一些控制字符,如回车、换行、蜂鸣器等,总共不过 100 多个。目前最常用的代码标准是 ASCII 码,ASCII 码共使用了 128 个符号,分别使用整数 0~127 表示,可以参看附录"ASCII 值与控制字符对照表"。

字符型常量实际上就是单个字符的 ASCII 码。但是在程序中直接使用码值很不直观,例如从码值 48 和 97 很难看出它们实际上代表的是字符"0"和"a"。因此在 C♯ 中引入了一套助记符号表示 ASCII 码。对于字母、数字和标点符号等可见字符来说,其助记码就是在该符号两边加上单引号。例如:

　　　′a′,′A′,′1′,′ ′,′+′,……

而那些控制字符和单、双引号、反斜杠符等可以使用由一个反斜杠符和一个符号组成的转义字符表示:

　　　′\n′(换行),′\r′(回车),′\t′(横向跳格),′\′′(单引号),……

注意:上述助记符实际上仍是一个整数,因此也可以参加运算。例如:

```
c = ′A′ + 2;              //c 被赋值为字母 C;
if(x> = ′0′ && x< = ′9′)   //如果 x 是一数字的 ASCII 码
x = x - ′0′;              //将其转换为相应的数值
```

【例 2 - 2】　大小写转换:输入一个字符,将其转换为对应的小写字母输出;否则,不用转换直接输出。

程序：

```
using System;
class Program
{
    static int Main()
    {
        char ch = 'D';
        Console.WriteLine("请输入一个字母:");
        ch = Convert.ToChar(Console.Read());
        ch = char.ToLower(ch);
        Console.WriteLine("将大写转换为小写后,该字母为" + ch);
        return 0;
    }
}
```

输入和输出：

请输入一个字母:

D

将大写转换为小写后,该字母为 d

2.2.4　字符串常量

字符串常量即用双引号括起来的一串字符,例如：

"Visual C♯","12.34","This is a string.\n", …

字符串常量在内存占用的实际存储字节数要比字符串中的字符个数多 1 个,即在字符串的尾部还要添加一个数值为 0 的字符,用以表示字符串的结束。该字符也可以使用转义序列'\0'表示。

因此,'B'与"B"是有区别的,前者是一个字符型常量,而后者是字符串常量,由两个字符'B'和'\0'组成。

2.3　变量

2.3.1　变量的声明

变量是用于保存数据的存储单元。在 C♯ 中,变量是使用特定数据类型和变量名来声明的。数据类型可决定变量在内存中占用空间的大小。变量名是一个合法的标识符。

变量声明的一般格式是：

［访问修饰将］数据类型 变量名 1,变量名 2,……,变量名 n;

例如：

```
int i;          //声明 1 个 int 类型变量 i,占用 4 个字节的内存单元
double d1,d2;    //声明 2 个 double 类型变量 d1 和 d2,各自占用 8 个字节的内存
```

```
char c = ´Y´, d = ´z´;   //声明 2 个 char 类型变量并分别进行初始化
bool flag = true;        //声明 1 个 bool 类型变量并进行初始化
```

当然,在程序中也可说明浮点类型和双精度类型的变量。这两种数据类型的说明符分别为:

```
float 变量名 1, 变量名 2, ……, 变量名 n;
double 变量名 1, 变量名 2, ……, 变量名 n;
```

举出两个变量说明语句的例子:

```
float average, sum;          //说明了两个浮点类型的变量
double distance, weight;     //说明了两个双精度类型的变量
```

2.3.2 变量的初始化

C# 允许在说明变量的同时对变量赋一个初值,例如:

```
int count = 0;
double pi = 3.14159265358979E0;
int upper = ´A´;
```

另一种初始化变量的方法如下:

```
数据类型 变量名(表达式);
```

例如:

```
int i(5);
char ch(´a´ + count);
```

【例 2 - 3】　求一元二次方程 $ax^2 + bx + c = 0$ 的根,其中系数 a、b、c 为实数,由键盘输入。

程序:

```
using System;
class Program
{
    static int Main()
    {
        double a, b, c, delta, p, q;
        Console.WriteLine("Please intput a, b, c = ");
        string str1 = Console.ReadLine();
        string []split = str1.Split (´ ´);
        a = Convert.ToDouble(split[0]);
        b = Convert.ToDouble(split[1]);
        c = Convert.ToDouble(split[2]);
        delta = b * b - 4 * a * c;
        p = - b/(2 * a);
        q = Math.Sqrt(Math.Abs(delta))/(2 * a);
        if (delta >= 0)
```

```
        Console.WriteLine("x1 = {0}, x2 = {1}", p + q, p - q);
    else
    {
        Console.WriteLine("x1 = {0} + {1}i", p, q);
        Console.WriteLine("x2 = {0} - {1}i", p, q);
    }
    return 0;
    }
}
```

输入和输出：

```
Please intput a, b, c =
1 6 9
x1 = - 3, x2 = - 3
```

2.4　运算符与表达式

在任何高级程序设计语言中,表达式都是最基本的组成部分。简单说来,表达式是由运算符将运算对象（如常量、变量和函数等）连接起来的具有合法语义的式子。在 C♯ 中,由于运算符比较丰富（达数十种之多）,加之引入了赋值等有副作用的运算符,因而可以构成灵活多样的表达式。这些表达式的应用一方面可以使程序编写得短小简洁,另一方面还可以完成某些在其他高级程序设计语言中较难实现的运算功能。

学习 C♯ 的表达式时应注意以下几个方面：

（1）运算符的正确书写方法。C♯ 的许多运算符与通常在数学公式中所见到的符号有很大差别,例如：整除求余（%）,相等（==）,逻辑运算与（&&）等等。

（2）运算符的确切含义和功能。C♯ 语言中有些很特殊的运算符,有些运算符还有所谓"副作用",这些都给读者的学习带来了一定的困难。

（3）运算符与运算对象的关系。C♯ 的运算符可以分为单目运算符（仅对一个运算对象进行操作）、双目运算符（需要 2 个运算对象）,甚至还有复合表达式,其中的两个运算符对三个或者更多个运算对象进行操作。

（4）运算符具有优先级和结合方向。如果一个运算对象的两边有不同的运算符,首先执行优先级别较高的运算。如果一个运算对象两边的运算符级别相同,则应按由左向右的方向顺序处理。如果编程时对运算符的优先顺序没有把握,可以通过使用括号来明确其运算顺序。

2.4.1　算术运算符和算术表达式

C♯ 的算术运算符有：

+（加）, -（减）, *（乘）,/（除）, %（整除求余）

其中"/"为除法运算符。如果除数和被除数均为整型数据,则结果也是整数。例如,5/3 的结果为 1（**注意**：这里小数部分的结果是直接省去,而不是四舍五入）。"%"为整除求余运算符。"％"运算符两侧均应为整型数据,其运算结果为两个运算对象作除法运算的余数。例如 5％3 的结果为 2。

在 C# 中,不允许两个算术运算符紧挨在一起,也不能像在数学运算式中那样,任意省略乘号,以及用中圆点"·"代替乘号等。如果遇到这些情况,应该使用括号将连续的算术运算符隔开,或者在适当的位置上加上乘法运算符。例如:

　　　　x * －y 应写成　 x * (－y)
　　　　(x+y)(x－y)应写成　 (x+y) * (x－y)

2.4.2　逻辑运算符和逻辑表达式

C# 中有 6 种比较运算符:

　　　　> 　(大于),< 　(小于),==(等于),
　　　　>=(大于等于),<=(小于等于),!=(不等于)

如果比较运算的结果成立,比较表达式取值 true(真),否则比较表达式的值为 false(假)。在 C# 中,使用逻辑数据类型(bool)表示逻辑运算的结果。

注意:算术运算符的优先级高于比较运算符。

C# 中有 3 种逻辑运算符:

　　　　!(逻辑非)　　 &&(逻辑与)　　 ||(逻辑或)

在逻辑运算符中,逻辑与"&&"的优先级高于逻辑或"||"的优先级,而所有的比较运算符的优先级均高于以上两个逻辑运算符。至于逻辑非运算符"!",由于这是一个单目运算符,所以和其他单目运算符(例如用于作正、负号的"+"和"－")一样,优先级高于包括算术运算符在内的所有双目运算符。例如表达式

　　　　x * y>z && x * y<100 || －x * y>0 && ! isgreat(z)

的运算顺序为:

　　　　计算 x * y　　　　　　　　　//算术运算优先于比较运算
　　　　计算 x * y>z　　　　　　　　//比较运算优先于逻辑运算
　　　　计算 x * y<100　　　　　　　//比较运算优先于逻辑与运算
　　　　计算 x * y>z && x * y<100　　//逻辑与运算优先于逻辑或运算
　　　　计算 －x　　　　　　　　　　//单目运算优先于双目运算
　　　　计算 －x * y　　　　　　　　//算术运算优先于比较运算
　　　　计算 －x * y>0　　　　　　　//比较运算优先于逻辑运算
　　　　计算 isgreat(z)　　　　　　　//计算函数值优先于任何运算符
　　　　计算 ! isgreat(z)　　　　　　//单目运算优先于双目运算
　　　　计算 －x * y>0 && ! isgreat(z)　//逻辑与运算优先于逻辑或运算
　　　　计算 x * y>z && x * y<100 || －x * y>0 && ! isgreat(z)

逻辑与"&&"前后两个操作数同时为真的时候,整个表达式才为真,否则结果为假。且当第一个操作数为假时,不再进行第二个操作数的运算。例如表达式:

　　　　x = 0;
　　　　x > 0 && (+ +x) > 0;

结果为假,但++x(++x 为自增运算,会在第四小节介绍)并未运行,x 的值仍为 0。

逻辑或"||"前后两个操作数有一个为真,整个表达式的结果就为真,两个操作数同时为假结果才为假。且当第一个操作数为真时,不再进行第二个操作数的运算。例如表达式

　　　x = 0;

　　　x = = 0 &&(+ +x) > 0;

结果为真,但++x 并未运行,x 的值仍为 0。

2.4.3　赋值运算符和赋值表达式

　　C#将赋值作为一个运算符处理。赋值运算符为"=",用于构造赋值表达式。初学者易将"=="与"="混淆,这两者一个是代表"等于"的比较运算符,一个是赋值运算符。赋值表达式的格式为

　　　V = e

其中 V 表示变量,e 表示一个表达式。赋值表达式的值等于赋值运算符右边的表达式的值。其实,赋值表达式的价值主要体现在其副作用上,即赋值运算符可以改变作为运算对象的变量 V 的值。赋值表达式的副作用就是将计算出来的表达式 e 的值存入变量 V。

　　和其他表达式一样,赋值表达式也可以作为更复杂的表达式的组成部分。例如:

　　　i = j = m * n;

　　由于赋值运算符的优先级较低(仅比逗号运算符高,见自学部分)。并列的赋值运算符之间的结合方向为从右向左,所以上述语句的执行顺序是:首先计算出表达式 m * n 的值,然后再处理表达式 j = m * n,该表达式的值就是 m * n 的值,其副作用为将该值存入变量 j。最后,处理表达式 i = j = m * n,其值即第一个赋值运算符右面的整个表达式的值,因此也就是 m * n 的值(最后计算出的这一赋值表达式的值并没有使用),其副作用为将第一个赋值运算符右面整个表达式的值存入变量 i。因此,上述表达式语句的作用是将 m * n 的值赋给变量 i 和 j。整个运算过程如下(设 m 的值为 2,n 的值为 3):

　　(1)计算 m * n 的值:2 * 3 等于 6。

　　(2)计算 j = m * n 的值:j = 6 的值等于 6,其副作用为将 6 存入变量 j。

　　(3)计算 i = j = m * n 的值:i = 6 的值等于 6,其副作用为将 6 存入变量 i。

2.4.4　自增运算符和自减运算符

　　C#中有两个很有特色的运算符:自增运算符"++"和自减运算符"--"。这两个运算符也是 C#程序中最常用的运算符,以致于它们几乎成为 C#程序的象征。

　　"++"和"--"运算符都是单目运算符,且其运算对象只能是整型变量或指针变量。这两个运算符既可以放在作为运算对象的变量之前,也可以放在变量之后。这四种表达式的值分别为:

　　(1)i++ 的值和 i 的值相同;

　　(2)i-- 的值和 i 的值相同;

　　(3)++i 的值为 i+1;

　　(4)--i 的值为 i-1。

　　然而,"++"和"--"这两个运算符真正的价值在于它们和赋值运算符类似,在参加运算的同时还改变了作为运算对象的变量的值。++i 和 i++ 会使变量 i 的值增大 1;类似

地，――i 和 i――会使变量 i 的值减 1。因此，考虑到副作用以后，"＋＋"和"――"构成的 4 种表达式的含义见表 2－2(设 i 为一整型变量)。

表 2－2　自增运算符和自减运算符的用法

表达式	表达式的值	副作用
i＋＋	i	i 的值增大 1
＋＋i	i+1	i 的值增大 1
i――	i	i 的值减少 1
――i	i-1	i 的值减少 1

简单来说，＋＋i 是在表达式运算之前就将 i 的值增大了 1，而 i＋＋则是在表达式运算结束后才将 i 的值增大了 1。

"＋＋"表达式和"――"表达式既可以单独使用，也可以出现于更复杂的表达式中。例如：

```
i＋＋;                //i 增加 1
――i;                //i 减少 1
x = array[＋＋i];      //将 array[i＋1]的值赋给 x，并使 i 增加 1
s1[i＋＋] = s2[j＋＋];   //将 s2[j]赋给 s1[i]，然后分别使 i 和 j 增加 1
```

作为运算符，"＋＋"和"――"的优先级较高，高于所有算术运算符和逻辑运算符。但在使用这两个运算符时要注意它们的运算对象只能是变量，不能是其他表达式。例如，(i+j)＋＋就是一个错误的表达式。

引入含有"＋＋""――"以及赋值运算符这类有副作用的表达式的目的在于简化程序的编写。例如，表达式语句" i＝j＝m * n;"的作用和

```
j = m * n;
i = j;
```

完全一样；而表达式语句" s1[i＋＋]＝s2[j＋＋];"其实正是下列语句的简化表达方式：

```
s1[i] = s2[j];
i = i + 1;
j = j + 1;
```

2.4.5　其他具有副作用的运算符

除了"＋＋"和"――"以外，在 C♯ 中还有其他一些有副作用的复合运算符，它们都是以赋值运算符"＝"为基础构成的。例如算术复合赋值运算符"＋＝""－＝""* ＝""/＝"以及"％＝"；另外还有用位运算符和赋值运算符复合而成的复合赋值运算符。算术复合运算符的形式为：

(1)V＋＝e 的含义为将表达式 e 的值加在变量 V 上。

(2)V－＝e 的含义为将表达式 e 的值从变量 V 中减去。

(3)V * ＝e 的含义为将变量 V 与表达式 e 的乘积存入变量 V 中。

(4)V/＝e 的含义为将变量 V 和表达式 e 的商存入变量 V 中。

(5)V％＝e 的含义为将变量 V 和表达式 e 的余数存入变量 V 中。

C＃引入了一些有副作用的表达式，一方面丰富了程序的表达方式，使得 C＃程序的形式简洁、干练；生成的目标代码的效率也比较高。但另一方面这些表达式比较复杂，难于理解和调试，有时还会因为不同的 C＃编译程序对计算顺序的规定不同而产生二义性的解释。因此在编程时要慎重使用。为了确保实现自己所要求的计算顺序，可以通过加括号的方法加以明确；甚至可以将由多个有副作用的表达式组成的复杂表达式语句分解成几个比较简单的表达式语句处理。

2.4.6　问号表达式和逗号表达式

C＃中还提供了一种比较复杂的表达式，即问号表达式，又称条件表达式。问号表达式使用两个运算符（？和：）对三个运算对象进行操作，格式为：

　　　　表达式 1？表达式 2：表达式 3

问号表达式的值是这样确定的：如果表达式 1 的值为非零值，则问号表达式的值就是表达式 2 的值；如果表达式 1 的值等于 0，则问号表达式的值为表达式 3 的值。利用问号表达式可以简化某些选择结构的编程。例如，分支语句

```
if(x＞y)
    z = x;
else
    z = y;
```

等价于语句

```
z = x＞y？x：y;
```

【例 2－4】　编写程序，求一个实数的绝对值。

程序：

```
using System;
class Program
{
    static int Main()
    {
        double x, y;
        Console.WriteLine("请输入一个实数:");
        x = Convert.ToDouble( Console.ReadLine() );
        y = x ＞ 0？x：－x;
        Console.WriteLine("|" + x + "| = " + y);
        return 0;
    }
}
```

输入和输出：

请输入一个实数：

－5

|－5| = 5

2.5　数据类型转换

每个值都有与之关联的类型,此类型决定了分配给该值的空间大小、取值范围以及可用的成员等属性。许多值可以表示为多种类型。例如,值 123 可以表示为长整型、基本整型,也可以表示为浮点型。

公共语言运行库支持扩大转换和收缩转换。例如,表示为 32 位带符号整数的值可转换为 64 位的带符号整数,这就是扩大转换。相反地,从 64 位转换为 32 位,就是收缩转换。执行扩大转换时,信息不会丢失,但可能会降低精度;而在收缩转换过程中,则可能会丢失信息。

在本节中,仅仅讨论值类型中简单类型数值的互相转换,包括隐式类型转换和显式类型转换两种。

1. 隐式转换

C♯ 在扩大转换时就执行隐式转换。隐式转换一般是低类型向高类型转化,能够保证值不发生变化,并且这种转换是无条件的。隐式转换的一般规则如下。

(1) sbyte、byte、char、short 和 ushort 类型的变量。在进行算术运算时,变量值会隐式转换为 int 类型。

(2) char 类型数值可以转换为各种整型或实型数,但不存在其他类型向 char 类型的隐式转换。

(3) 对于赋值运算、算术运算、关系运算和位运算,要求运算符的两个操作数类型相同。如果不同,则按照由小到大的原则进行自动转换。

(4) 浮点型不能隐式地转化为 decimal 型。

2. 显式转换

(1) 强制转换。在 C 和 C♯ 等一些语言中,可以使用强制转换执行显式转换。使用要执行的转换类型的数据类型作为转换的前缀时,发生强制转换。

例如:

```
int x;
double y = 5.67;
x = (int)y;
```

注意:当目标类型的最大值小于所转换类型的值的时候,尽量不要进行转换。

System. Convert 类为支持的转换提供了一整套方法。该类提供的方法可以完成收缩转换以及不相关数据类型的转换。例如,支持从 string 类型转换为数字类型、从 DateTime 类型转换为 string 类型以及从 string 类型转换为 bool 类型。

(2) 目标类型的 Parse 方法。通过目标类型的成员方法 Parse(string) 或该方法的重载形式,也可以实现类型的显式转换。不同目标数据类型的 Parse 方法,也有多种不同的语法形式。

自学内容

2.6　装箱和拆箱

装箱就是将值类型转换为引用类型的过程,并从栈中搬到堆中。

例如:

```
int val = 100;
object obj = val;
Console.WriteLine("对象的值 = {0}",obj);
```

装箱转换可以隐式进行,转换时,系统会首先在堆中分配一个对象内存,然后将值类型的值复制到该对象中。

拆箱是将引用类型转换为值类型。拆箱必须显式进行,首先检查对象实例,它是给定值类型的一个装箱值,然后再将该值从实例复制到类型变量中。

例如:

```
int val = 100;
object obj = val;
int num = (int)obj;
Console.WriteLine("num: {0}",num);
```

注意:被装过箱的对象才能被拆箱。

2.7　应用程序举例

【例 2 - 5】　输入一个四位无符号整数,反序输出这四位数。

程序:

```
using System;
class Program
{
    static int Main()
    {
        int n, m;
        int c1, c2, c3, c4;
        Console.WriteLine("请输入一个四位无符号整数:");
        n = Convert.ToInt32(Console.ReadLine());
        Console.WriteLine("反序输出前的数为" + n);
        c1 = n % 10;          //分离个位数字
        c2 = n/10 % 10;       //分离十位数字
```

```
        c3 = n/100 % 10;      //分离百位数字
        c4 = n/1000;          //分离千位数字
        m = ((c1 * 10 + c2) * 10 + c3) * 10 + c4;
        Console.WriteLine("反序输出后的数为" + m);
        return 0;
    }
}
```

输入和输出：

请输入一个四位无符号整数：

1234

反序输出前的数为 1234

反序输出后的数为 4321

【例 2 - 6】 取一个整型变量的最低 4 位二进制对应的十进制值。

程序：

```
using System;
class Program
{
    static int Main()
    {
        int i;
        Console.WriteLine("请输入一个整数:");
        i = Convert.ToInt32(Console.ReadLine());
        Console.WriteLine(  i + "的最低位对应的十进制数是" + (i & 0X0F) );
        return 0;
    }
}
```

输入和输出：

请输入一个整数：

255

255 的最低位对应的十进制数是 15

【例 2 - 7】 找零钱问题：假定有伍角、壹角、伍分、贰分和壹分共五种硬币,在给顾客找硬币时,一般都会尽可能地选用硬币个数最少的方法。例如,当要给某顾客找七角二分钱时,会给他 1 个伍角、2 个壹角和 1 个贰分的硬币。请编写一个程序,输入的是要找给顾客的零钱(以分为单位),输出的是应该找回的各种硬币数目,并保证硬币个数最少。

程序：

```
using System;
class Program
{
    static int Main()
```

```
    {
        int change;//存放零钱的变量
        Console.WriteLine("请输入要找给顾客的零钱(以分为单位)");
        change = Convert.ToInt32(Console.ReadLine());
        Console.WriteLine("找给顾客的伍角硬币个数为{0}", change/50);
        change = change % 50;
        Console.WriteLine("找给顾客的壹角硬币个数为{0}",change/10);
        change = change % 10;
        Console.WriteLine("找给顾客的伍分硬币个数为{0}",change/5);
        change = change % 5;
        Console.WriteLine("找给顾客的贰分硬币个数为{0}",change/2);
        change = change % 2;
        Console.WriteLine("找给顾客的壹分硬币个数为{0}",change);
        return 0;
    }
}
```

输入和输出：

请输入要找给顾客的零钱(以分为单位)

72

找给顾客的伍角硬币个数为 1

找给顾客的壹角硬币个数为 2

找给顾客的伍分硬币个数为 0

找给顾客的贰分硬币个数为 1

找给顾客的壹分硬币个数为 0

2.8　枚举类型

如果某个数据项只可能取少数几种可能的值,则可以将该数据项定义为枚举类型数据。枚举类型实际上是整数的子集,其定义格式为：

```
enum 枚举类型名
{
    枚举成员 1,
    枚举成员 2,
    ……  ……
    枚举成员 n
}
```

其中,枚举类型名是一个合法的标识符,枚举成员列举了这种枚举类型的所有取值。

例如,一周的天数可以定义为：

```
enum weekday_type
```

```
{
    SUNDAY,          //星期日
    MONDAY,          //星期一
    TUESDAY,         //星期二
    WEDNESDAY,       //星期三
    THURSDAY,        //星期四
    FRIDAY,          //星期五
    SATURDAY         //星期六
};
```

掌握枚举类型的关键在于，每个枚举符号实际上是一个整数值。例如，对于枚举类型 enum weekday_type 来说，MONDAY 等于 1。因此，如果要打印变量 workday 的值，只能使用整型输出格式符，打印出的值为 1。

一个枚举类型中的各枚举值从 0 开始按顺序取值。在上面的例子中，从 SUNDAY 到 SATURDAY 分别取值 0,1,…,6。另外，在定义枚举类型时，也可以对各枚举符号进行初始化，改变其对应的整数值。例如：

```
//定义星期几类型
enum weekday_type
{
    MONDAY = 1,      //星期一
    TUESDAY,         //星期二
    WEDNESDAY,       //星期三
    THURSDAY,        //星期四
    FRIDAY,          //星期五
    SATURDAY,        //星期六
    SUNDAY           //星期日
};
```

则从 MONDAY 到 SUNDAY 所对应的值分别为 1,2,…,7。实际上，枚举符号也可以作为符号型常量赋给整型变量，或者作为整数值参加运算，但是不能重新做赋值运算。

【例 2-8】 观察下面程序的运行结果。

程序：

```
using System;
class Program
{
    enum t1 { sunday, monday, tuesday, wednesday, thursday, friday, saturday };
    public static int Main()
    {
        Console.WriteLine("{0}, {1}, {2}, {3}", (int)t1.sunday, (int)t1.tues-
day, (int)t1.thursday, (int)t1.saturday);
        return 0;
```

```
    }
}
```

输入和输出：

0, 2, 4, 6

调试技术

2.9　查看和修改编译、链接错误

编译的目的是将 C♯源程序转换为机器指令代码。在编译过程中，如果遇到程序中有语法错误，则在 Visual Studio 底部的输出（Output）窗口中显示相应的错误信息，提示程序员修改程序。刚编写好的程序含有错误是正常的，即使是熟练的专业程序员也很难一次就编写出完全没有错误的源程序来。实际上，重要的不是程序中是否有错误，而是怎样将这些错误找出来并改正。一般来说，一段源程序从输入、编辑到通过编译，往往要重复若干次编译—修改—再编译的过程。

如果编译成功，则生成目标文件存放在磁盘上。如果在编译的过程中发现了错误，则进入编辑查错状态。这时在屏幕下方的 Output 窗口中会显示出错误的类型、错误发生的位置以及错误的原因。错误信息的格式为：

　　　　　＜源程序路径＞（行）＜错误代码＞：＜错误内容＞

错误有两种：一种是 Error，表示这是一个严重错误，非改不可；另一种是 Warning，表示源程序这里有可能是错误的，也有可能不是错误，编译程序自己也不确定。一般来说，如果只出现警告信息，可以继续链接、运行程序，有些程序员因此而经常忽视这些编译警告，继续链接、运行程序，直到出现了某种运行错误后再回过头来检查这些警告信息。这是非常糟糕的工作习惯，因为运行错误比编译错误更难于检查和修改，严重的运行错误还会引起"死机"现象。因此，建议在出现编译警告时最好仔细检查一下，设法消除引起警告的原因。

用鼠标双击一条错误信息可使文本编辑器作出反应，其左框上显示一个箭头指出对应的出错语句，以便修改源程序。在检查程序时要细心，首先查看第一个错误出现的地方及其前面的一小段程序。在查出并改正这个错误之后，可以看一看其后的几个错误说明中的错误位置是否和第一个错误的位置相邻近。如果是，则有可能反映的还是那一个错误，这时可以再编译一次，往往会发现错误的数目已经大为减少。重复这个过程直到所有的错误均已纠正，然后再次链接，运行该程序。

在找到链接错误的原因并改正以后，一定要重新编译后才能再次链接。否则，虽然源程序已经修改，但进行链接的目标程序还是以前有错误的目标程序，再次链接仍然会产生同样的错误。

上机练习题

1. 温度转换。输入华氏温度,用如下公式将其转换为摄氏温度并输出。

$$C = \frac{5}{9}(F - 32)$$

2. 编程试求函数

$$y = \frac{\sin x^2}{1 - \cos x}$$

当 $x \to 0$ 时的极限。

提示：输入 x 的数值逐步变小,不要输入 0。

3. 编程实现:用户从键盘输入 3 个整数,计算并打印这三个数的和、平均值及平均值的四舍五入整数值。

提示:直接将 double 型数转换为 int 型数,得到整数结果。可先实现小数部分大于等于 0.5 时整数加 1,再取整(转换为 int 型数)。

4. 找零钱。为顾客找零钱时,希望选用的纸币张数最少。例如 76 元,希望零钱的面值为伍拾元 1 张、贰拾元 1 张、伍元 1 张、壹元 1 张。设零钱面值有伍拾元、贰拾元、拾元、伍元和壹元,请编写程序,用户输入 100 以下的数,计算找给顾客的各面值的纸币张数。并在程序中想一个验证结果是否正确的办法。

5. 输入 x、a 的值,计算

$$y = \log_a(x + \sqrt{x^2 + 1}) \qquad (a > 0, a \neq 1)$$

的函数值。

提示:C♯ 中没有以任意数 a 为底的对数函数,但对数有换底公式:

$$\log_a b = \log_n b / \log_n a$$

其中"/"表示除。

第3章

控制结构

掌握 C# 语言中常用的控制语句,包括顺序结构、分支结构、循环结构和跳转语句等。

无论多复杂的程序,也都是由一条条的语句构成的。C# 提供了各种形式的语句,包括空语句、表达式语句、复合语句、控制语句、异常处理语句等。

程序的基本结构有顺序结构、分支结构、循环结构这三种,这些结构的共同特点是都有一个入口和一个出口。任何程序都由这三种基本结构组合而成。

3.1 顺序结构

顺序结构是指程序按照线性顺序依次执行每条语句的运行方式,如图 3-1 所示。它是最简单的程序结构,也是最常用的程序结构。

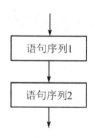

图 3-1 顺序结构

顺序结构可以独立使用构成一个简单的完整程序,最常见的输入、计算、输出"三部曲"就是典型的顺序结构,如例 3-1 所示,其程序的语句顺序就是输入圆的半径,再计算周长和面积,最后输出结果。不过,在大多数情况下,顺序结构通常都是作为程序的一部分而存在的,且与其他结构一起构成一个复杂的程序,如 3.3 节循环结构中的循环体等。

【例 3-1】 输入圆的半径,然后计算圆的面积和周长。

程序：
```
using System;
class Program
{
    static int Main()
    {
        double r, pi = 3.14;
        Console.WriteLine("请输入圆的半径 :");
        r = Convert.ToDouble(Console.ReadLine());
        Console.WriteLine("圆的周长 = {0}",2 * pi * r);
        Console.WriteLine("圆的面积 = {0}",pi * r * r);
        return 0;
    }
}
```
输入和输出：
请输入圆的半径 :
1
圆的周长 = 6.28,　圆的面积 = 3.14

3.2　分支结构

分支结构的功能是使程序根据判断条件,选择不同的执行路径。分支结构包括单分支结构、二分支结构和多分支结构。if 语句用来实现分支结构,根据给出的条件是否成立进行选择。

3.2.1　if 语句

if 语句有很多种不同的写法,包括与 else 的搭配。各种不同的写法,对应了不同的分支情况:单分支、双分支和多分支。

1. 单分支 if 语句

if 语句的一般格式是：
```
    if(表达式)
        语句块
```
或者
```
    if (表达式)
    {
        语句块
    }
```
其中,表达式为判断语句块是否执行的条件,一般为关系表达式或者逻辑表达式,也可以是一个运算结果,但是该表达式的结果必须为 bool 类型。语句块可以是单个语句或复合语句。单分支 if 语句的执行流程如图 3 - 2 所示。

图 3 - 2　单分支 if 语句执行流程

整个 if 语句的功能是：若表达式的值为真(true)，则执行语句块；若表达式的值为假(false)，则不执行语句块，直接执行 if 语句后面的其他语句。

2. 双分支 if-else 语句

if-else 语句的一般格式是：

```
if(表达式)
    语句块 1
else
    语句块 2
```

如果"语句块 1"和"语句块 2"比较复杂，不能简单地用一条语句实现时怎么办呢？这时可以使用由一对花括号"{}"括起来的程序段落代替"语句 1"和"语句 2"，即：

```
if(表达式)
{
    语句块 1
}
else
{
    语句块 2
}
```

这种用花括号括起来的程序段落又称为分程序。分程序是 C♯ 中的一个重要概念。具体说来，一个分程序具有下述形式：

```
{
    <局部数据说明部分>
    <执行语句段落>
}
```

即分程序是由花括号括起来的一组语句。当然，分程序中也可以再嵌套新的分程序。分程序是 C♯ 程序的基本单位之一。

分程序在语法上是一个整体，相当于一个语句。因此分程序可以直接和各种控制语句直接结合使用,用以构成 C♯程序的各种复杂的控制结构。在分程序中定义的变量的作用范围仅限于该分程序内部。

3. if 语句的嵌套形式

if 语句可以实现嵌套,即 if 或 if-else 的子句可以是另外的 if 或 if-else 语句。通常用嵌套的 if 语句解决多分支的问题。例如:

```
if(表达式 1)
    语句块 1;
else if(表达式 2)
    语句块 2;
…… ……
else if(表达式 i)
    语句块 i;
…… ……
else if(表达式 n)
    语句块 n;
else   语句块 n+1;
```

使用 if 语句时,需要注意以下几点:

(1)双分支 if-else 语句可以写在多行上,也可以写在同一行上,例如:

```
if(x>0) y=1; else y=0;
```

但是,为了提高程序的美观与可读性,通常写成多行的形式。

(2)在 if 语句的嵌套形式中,其内嵌语句也可以是一个 if 语句,例如:

```
if(表达式 1)
    语句块 1;
else
    if(表达式 2)
        语句块 2;
else
        语句块 3;
```

(3)"语句块 1""语句块 2"……"语句块 n"可以是一个简单的语句,也可以是一个包括多个语句的复合语句。

【例 3－2】　编程实现分段函数求值:

$$y=\begin{cases}x+1, & x<0 \\ 1, & 0\leqslant x<1 \\ x^3 & 1\leqslant x\end{cases}$$

程序:

```
using System;
class Program
{
    static int Main()
```

```
        {
            double x, y;
            Console.WriteLine("请输入 x 的值：");
            x = Convert.ToDouble(Console.ReadLine());
            if (x<0)
            {
                y = x + 1;
                Console.WriteLine( "x = {0}，  y = x + 1 = {1}",x,y);
            }
            else if (x<1)          //0 ≤x<1
            {
                y = 1;
                Console.WriteLine("x = {0}，  y = {1}", x, y);
            }
            else                   //1 ≤x
            {
                y = x * x * x;
                Console.WriteLine("x = {0}，  y = x * x * x = {1}", x, y);
            }
            return 0;
        }
}
```

输入和输出：

请输入 x 的值：

15

x = 15，　y = x * x * x = 3375

3.2.2　switch 语句

switch 语句用于实现多重分支,其格式为:

```
    switch(表达式)
    {
        case 常量表达式 1：子句 1；[break;]
        case 常量表达式 2：子句 2；[break;]
        ……  ……
        case 常量表达式 n：子句 n；[break;]
        [default：子句 nv + 1；]
    }
```

其中,switch 后的表达式称为选择控制表达式,它可以为任意类型的表达式,但是其值一般为整型、字符型、字符串型或枚举型。常量表达式的值应该与 switch 后的表达式值的类型相同。子句是对应分支的执行语句,可以是一个语句或语句系列。

break 语句是一个可缺省选项,表示跳出当前所在的 case 分支。default 选项也是可默认的,习惯上放在最后面。

switch 的多路选择结构如图 3-3 所示,其语句的功能是:先计算 switch 后的表达式的值,再将得到的结果按照先后顺序,与 case 后的常量表达式的值进行比较。如果相等,则从该分支处的子句开始往后按顺序执行。如果没有找到相等的常量表达式,则转去执行 default 后面的子句。当然,如果没有相等的常量表达式又无 default 项,则不执行任何子句,结束 switch 语句。

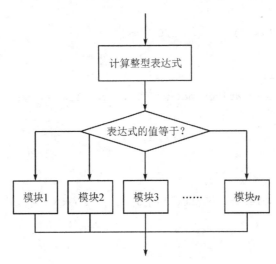

图 3-3　switch 多路选择结构

使用 switch 语句时,需要注意以下几点:

(1)case 后的常量表达式的值不允许相同。

(2)case 子句如果是多条语句,可以不用括号括起来形成复合语句。

(3)在 C♯ 语言中,控制不能从一个 case 标签贯穿到另一个 case 标签。因此,在每个已存在的 case 子句中,都需要加上跳转语句。最常见的就是 break 语句。

【例 3-3】 编写一个程序,将百分制的学生成绩转换为优秀、良好、中等、及格和不及格的 5 级制成绩。

标准为:

优秀:90~100 分;

良好:80~89 分;

中等:70~79 分;

及格:60~69 分;

不及格:60 分以下。

算法:使用 switch 语句构成的多分支结构编写这个函数。switch 语句根据具体的数值判断执行的路线,而现在的转换标准是根据分数范围。因此,构造一个整型表达式 old_grade/10 用于将分数段化为单个整数值。例如对于分数段 60~69 中的各分数值,上述表达式的值均为 6。再配合以在 switch 语句的各 case 模块中灵活运用 break 语句,即可编写出所需转换程序。

程序：

```
using System;
class Program
{
    static int Main()
    {
        int old_grade;
        string new_grade;
        Console.WriteLine("请输入学生成绩:");
        old_grade = Convert.ToInt32(Console.ReadLine());
        switch (old_grade/10)
        {
            case 10:
            case 9:
                new_grade = "优秀"; break;
            case 8:
                new_grade = "良好"; break;
            case 7:
                new_grade = "中等"; break;
            case 6:
                new_grade = "及格"; break;
            default:
                new_grade = "不及格"; break;
        }
        Console.WriteLine("转换前成绩是{0}", old_grade);
        Console.WriteLine("转换后成绩是{1}",new_grade);
        return 0;
    }
}
```

输入和输出：

请输入学生成绩:

85

转换前成绩是 85

转换后成绩是良好

3.3　循环结构

循环结构是程序中的某一段在满足某个指定条件下重复执行,被重复执行部分称为循环体,如图 3 - 4 所示。

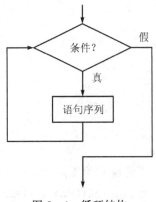

图 3 - 4　循环结构

构成循环的语句通常有 while、do-while 和 for,下面介绍循环语句的使用以及可以用于循环中的特殊语句。

3.3.1　while 语句

while 型循环结构可以使用 while 语句实现:

```
while (表达式)
    ＜循环体＞
```

其中的＜循环体＞可以是一个语句,也可以是一个分程序:

```
while(＜表达式＞)
{
    …… ……
}
```

当表达式的结果为真时,就反复执行其循环体内的语句或者分程序,直到表达式的值为假时退出循环。在设计 while 型循环时要注意在其循环体内应该有修改＜表达式＞的部分,确保在执行了一定次数之后可以退出循环,否则就成了“死循环”,一旦程序进入“死循环”,将永远在循环结构中兜圈子而无法结束。

【例 3 - 4】　计算自然对数 e。

算法:e 的计算公式为 $e = 1 + \dfrac{1}{1!} + \dfrac{1}{2!} + \cdots + \dfrac{1}{n!} + \cdots$,当通项 $\dfrac{1}{n!} < 10^{-7}$ 时停止计算。

程序:

```
using System;
class Program
{
    static int Main()
    {
        double e = 1.0;
        double u = 1.0;
```

```
        int n = 1;
        while (u >= 1.0E - 7)
        {
            u = u/n;
            e = e + u;
            n = n + 1;
        }
        Console.WriteLine("e = {0} (n = {1} )",e,n);
        return 0;
    }
}
```

输入和输出：

e = 2.71828182619849 (n = 12)

3.3.2 do-while 语句

do-while 型循环结构可以使用 do-while 语句实现：

```
    do
    {
        <循环体>
    }while (<表达式>);
```

do-while 型循环和 while 型循环最大的不同是 do-while 循环的循环体最少执行一次，而 while 型循环的循环体可能一次也不执行。即：while 语句的特点是，先判断条件表达式，后执行循环体语句；而 do-while 语句的特点是，先执行循环体语句，再检查条件是否成立，若成立再次执行循环体。

【例 3 - 5】 使用 do-while 语句重新编写例 3 - 4 的程序。

程序：

```
using System;
class Program
{
    static int Main()
    {
        double e = 1.0;
        double u = 1.0;
        int n = 1;
        do
        {
            u = u/n;
            e = e + u;
            n = n + 1;
```

```
}while (u > = 1.0E - 7);
Console.WriteLine("e = {0} (n = {1} )", e,n);
return 0;
    }
}
```

输入和输出：

e = 2.71828182619849 (n = 12)

3.3.3　for 语句

除此而外，C#中还有一种 for 语句，用来实现一类比较复杂的循环结构，其格式为：

　　for (＜表达式 1＞;＜表达式 2＞;＜表达式 3＞)

　　　　＜循环体＞

3 个表达式的主要作用为：

表达式 1：设置初始条件，只执行一次。可以为零个、一个或多个变量赋初值。

表达式 2：循环条件表达式，是用来判定是否继续循环的。在每次执行循环体前先执行此表达式，而后判定是否继续执行循环。

表达式 3：作为循环的调整。比如，为循环变量设置增值，且它是在执行循环体后才进行的。

for 控制流程如图 3 - 5 所示。

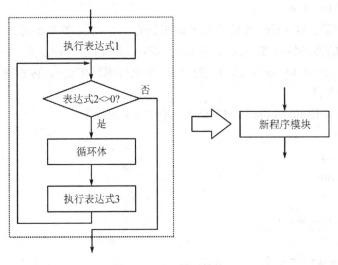

图 3 - 5　for 循环结构

和 while 语句的情况类似，for 语句的循环体也可以是一条语句，或者一个分程序。for 语句最常见的用途是构造指定重复次数的循环结构。例如：

```
for (i = 0; i<10; i = i+1)
{
    ...... ......
}
```

其中,"i＝0"是给循环变量 i 设置初值为 0;"i＜10"是指定循环条件,即当循环变量 i 的值小于 10 时,循环继续执行;"i＝i＋1"的作用是,使循环变量 i 的值不断变化,且每次只增 1,直到最终满足终止循环的条件,循环结束。

　　虽然用 while 循环也可以构造出这样的循环,但使用 for 语句更简单、直观。特别是在处理数组时,通常都是使用 for 语句。

　　使用 for 语句时,需要注意以下几点:

　　(1)for 语句中的表达式 1、表达式 2 与表达式 3 均可省略,但表达式 1 或表达式 2 后的分号不能省略。

　　(2)表达式 1 省略,表明不给循环变量赋初值。那么,为了使循环能正常执行,需要在 for 语句前给循环变量赋初值。

　　(3)表达式 2 省略,表明不需要循环条件表达式,即不设置和检查循环条件。那么,此时循环会无终止地进行下去,也就是一直认为表达式 2 为真。

　　(4)表达式 3 省略,表明不给循环变量设置增值。那么,此时,程序设计者需要另设他法以保证循环能正常结束,比如说在循环体中给循环变量设置增值。

　　(5)事实上,表达式 1、表达式 2 和表达式 3 也可同时省略,表明不给循环变量设置初值,不判断循环条件,且循环变量不增值。那么,此时会无终止地执行循环体中的语句,显然,这样也是没有实用价值的。

　　【例 3 - 6】　计算 1＋2＋3＋…＋100 的和。

　　程序:

```
using System;
class Program
{
    static int Main()
    {
        int sum = 0;
        for (int i = 1; i< = 100; i + + )
            sum = sum + i;
        Console.WriteLine("1 + 2 + 3 + … + 100 = {0}", sum);
        return 0;
    }
}
```

　　输入和输出:

1 + 2 + 3 + … + 100 = 5050

　　【例 3 - 7】　使用 for 语句重新编写例 3 - 4 的程序。

　　程序:

```
using System;
class Program
{
    static int Main()
```

```
    {
        double e = 1.0;
        double u = 1.0;
        int n = 1;
        for(n = 1;u >= 1.0E - 7;n + + )
        {
            u = u/n;
            e = e + u;
        }
        Console.WriteLine("e = {0} (n = {1} )", e,n);
        return 0;
    }
}
```

输入和输出：
e = 2.71828182619849 (n = 12)

3.4　跳转语句

在 C♯语言中,可以实现程序跳转功能的语句有很多,它们都可以用于改变循环的状态,包括 break 语句、continue 语句、goto 语句、return 语句和 throw 语句。

3.4.1　break 语句

在 3.2.2 节中已经介绍绍过,可以使用 break 语句跳出当前所在的 case 分支。实际上,也可以用 break 语句来跳出循环体,即提前结束循环,接着执行循环体下面的的语句。

break 语句的格式为：

```
    break;
```

该语句用于立即跳出包含该 break 语句的各种循环语句。在循环语句中使用的 break 语句一般应和 if 语句配合使用,例如：

```
    while(表达式 1)
    {
        …… ……
        if(表达式 2)
            break;
        …… ……
    }
```

以上结构的框图如图 3 - 6 所示。

注意:break 语句只能用于循环语句和 switch 语句中,而不能单独使用。

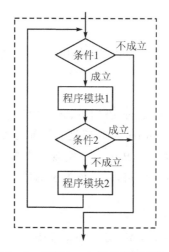

图 3-6　使用 break 语句的循环结构

3.4.2　continue 语句

在实际中,有时并不希望终止整个循环操作,而只是希望可以提前结束本次循环,接着执行下次循环,那么,此时可用 continue 语句。

continue 语句用于提前结束本次循环,可用于 while、do-while 和 for 语句中。其格式为:

　　continue;

continue 语句的用法和 break 语句相似,均应和 if 语句配合使用。仍以 while 语句为例:

```
while(表达式 1)
{
    …… ……
    if(表达式 2)
        continue;
    …… ……
}
```

其执行框图如图 3-7 所示。

break 语句与 continue 语句都可用于循环结构中,二者的区别在于:continue 语句只是结束本次循环,而非终止整个循环的执行;而 break 语句则是结束整个循环过程,不再判断执行循环的条件是否成立。

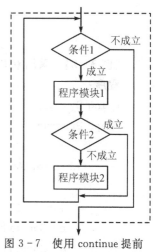

图 3-7　使用 continue 提前
结束循环结构

再者,break 语句和 continue 语句都是变相的 goto 语句。恰当地应用这些语句,可以使程序的表达比较清晰,同时仍然满足结构化程序的基本特征:每个程序模块只有一个入口和一个出口,可以自上而下地阅读。

3.4.3　return 语句

在 C♯中，return 语句主要用于结束方法的执行，并且可以将需要的结果返回。例如下面的代码段：

```
return；
```

程序在运行过程中，当遇到 return 语句时，程序立即退出整个 Main 方法，控制台立即关闭，整个程序执行完毕。由于 return 语句后没有任何参数，因此返回一个 void 类型。

在实际应用中，经常会编写一些方法用于实现某些特定的功能，这个时候就得要使用 return 语句了。例如，通过 return 语句，返回该方法的值，并且结束该方法的调用。

3.4.4　goto 语句

C♯允许在语句前面放置一个标号，其一般格式为：

```
标号：语句；
```

标号的取名规则和变量名相同，即由下划线、字母和数字组成，第一个字符必须是字母或下划线，例如：

```
ExitLoop：x = x + 1；
End：return x；
```

在语句前面加上标号主要是为了使用 goto 语句。goto 语句的格式为：

```
goto　标号；
```

其功能是打乱语句执行顺序，转去执行前面有指定标号的语句，而不管其是否排在当前语句之后。C♯的 goto 语句只能在本函数模块内部进行转移，不能由一个函数中转移到另一个函数中去。由于结构化程序设计方法主张尽量限制 goto 语句的使用范围，因此在这里不对 goto 语句作过多的讨论。

3.5　应用程序举例

【例 3-8】 采用欧几里得算法，编写一个程序来求解任意两个正整数的最大公因数。
程序：
```
using System；
class Program
{
    static int Main()
    {
        int p = 12, q = 18, r；
        p = Convert.ToInt32(Console.ReadLine())；
        q = Convert.ToInt32(Console.ReadLine())；
        //如果 p<q，交换 p 和 q
        if (p<q)
        {
            r = p； p = q； q = r；
```

```
    }
    //计算 p 除以 q 的余数 r
    r = p % q;
    //只要 r 不等于 0,重复进行下列计算
    while (r ! = 0)
    {
        p = q; q = r; r = p % q;
    }
    //输出结果
    Console.WriteLine("The maximum common divisor is" + q);
    return 0;
    }
}
```

输入和输出:

12

18

The maximum common divisor is 6

【例 3 - 9】　利用牛顿迭代公式求平方根。设 $x = \sqrt{a}$ ，则迭代公式为

$$x_{n+1} = \frac{(x_n + a/x_n)}{2}, x_0 = 1$$

迭代结束条件取相对误差 $\left| \frac{x_{n+1} - x_n}{x_{n+1}} \right| < \varepsilon$。

算法: 定义两个工作变量 x_0 和 x_1,则有

```
    x₁ = 1;                //迭代初值取 1
    do
    {   x₀ = x₁;
```
$$x_1 = \frac{1}{2}\left(x_0 + \frac{q}{x_0}\right);$$
```
    }while(x₁ 与 x₀ 的相对误差大于控制参数 ε);
```

程序:

```
using System;
class Program
{
    const double EPS = 1.0e - 10;
    static int Main()
    {
        double a, x;
        Console.WriteLine("Please input the value :");
        a = Convert.ToDouble(Console.ReadLine());
```

```
        double x0, x1;
        x1 = 1.0;
        if (a > 0.0)
        {
            do
            {
                x0 = x1;
                x1 = (x0 + a/x0)/2;
            }while (Math.Abs((x0 - x1)/x1) > = EPS);
            x = x1;
        }
        else
            x = a;
        if (x<0)
            Console.WriteLine("Thenegative doesnot have square root !");
        else
            Console.WriteLine("The square root of {0} is {1}",a,x );
        return 0;
    }
}
```

输入和输出:

Please input the value :

2

The square root of 2 is 1.41421356237309

分析: 将求平方根的工作编为一个子程序,并在其中加上了简单的数据检验:当参数 x 的值小于或等于 0 时,不再进入迭代,直接返回 x。这样就可以避免对负数迭代可能引起的溢出错误。在编写程序时加上完善的数据检测功能,是程序应用的基本保证。

【例 3 - 10】 根据公式求 π 的近似值。

算法: 利用公式: $\dfrac{\pi}{4} \approx 1 - \dfrac{1}{3} + \dfrac{1}{5} - \dfrac{1}{7} + \cdots$,计算π的近似值,直到最后一项的绝对值小于指定数值(1.0×10^{-7})为止。

程序:

```
using System;
class Program
{
    static int Main()
    {
        int s = 1;
        double n = 1.0, u = 1.0, pi = 0.0;
```

```
        while (Math.Abs(u) > = 1.0e - 7)
        {
            u = s/n;
            pi = pi + u;
            n = n + 2;
            s = - s;
        }
        Console.WriteLine("pi = {0}", 4 * pi);
        return 0;
    }
}
```

输入和输出:

pi = 3.14159285358974

【例 3 - 11】　求水仙花数。

如果一个 3 位数的个位数、十位数和百位数的 3 次方和等于该数自身,则称该数为水仙花数。编一程序求出所有的水仙花数。

程序:

```
using System;
class Program
{
    static int Main()
    {
        int n, i, j, k;
        for (n = 100;n< = 999;n + + )
        {
            i = n/100;              //取出 n 的百位数
            j = (n/10) % 10;        //取数 n 的十位数
            k = n % 10;             //取出 n 的个位数
            if (n = = i * i * i+j * j * j+k * k * k)
                Console.WriteLine("{0} = {1}^3 + {2}^3 + {3}^3",n, i, j, k);
        }
        return 0;
    }
}
```

输入和输出:

153 = 1^3 + 5^3 + 3^3

370 = 3^3 + 7^3 + 0^3

371 = 3^3 + 7^3 + 1^3

407 = 4^3 + 0^3 + 7^3

【例 3 - 12】 编写程序制作九九乘法表。

程序:

```
using System;
class Program
{
    static int Main()
    {
        int i, j;
        for (i = 1; i<10; i + + )
        {
            for (j = 1; j< = i; j + + )
                Console.Write("{0} * {1} = {2}\t", j, i, i * j);
            Console.WriteLine();
        }
        return 0;
    }
}
```

输入和输出:

```
1 * 1 = 1
1 * 2 = 2   2 * 2 = 4
1 * 3 = 3   2 * 3 = 6   3 * 3 = 9
1 * 4 = 4   2 * 4 = 8   3 * 4 = 12   4 * 4 = 16
1 * 5 = 5   2 * 5 = 10   3 * 5 = 15   4 * 5 = 20   5 * 5 = 25
1 * 6 = 6   2 * 6 = 12   3 * 6 = 18   4 * 6 = 24   5 * 6 = 30   6 * 6 = 36
1 * 7 = 7   2 * 7 = 14   3 * 7 = 21   4 * 7 = 28   5 * 7 = 35   6 * 7 = 42   7 * 7 = 49
1 * 8 = 8   2 * 8 = 16   3 * 8 = 24   4 * 8 = 32   5 * 8 = 40   6 * 8 = 48   7 * 8 = 56   8 * 8 = 64
1 * 9 = 9   2 * 9 = 18   3 * 9 = 27   4 * 9 = 36   5 * 9 = 45   6 * 9 = 54   7 * 9 = 63   8 * 9 = 72   9 * 9 = 81
```

【例 3 - 13】 对于任意给定的一个正整数 n,统计其阶乘 $n!$ 的末尾中 0 的个数。

程序:

```
using System;
class Program
{
    static int Main()
    {
        int n;
        int sum = 0;
```

```
    int i, k;//循环控制变量
    Console.WriteLine("Pleast input a positivenumber:");
    n = Convert.ToInt32(Console.ReadLine());
    for (i = 5; i< = n; i = i + 5)        //只有 5 的倍数才含的因子
    {
        int m = i;
        for (k = 0; m % 5 = = 0; k + +)
            m = m/5;
        sum = sum + k;
    }
    Console.WriteLine("The number of zero in {0}! is: {1}",n, sum);
    return 0;
    }
}
```

输入和输出：

Pleast input a positivenumber:

50

The number of zero in 50! is: 12

调试技术

3.6 Visual Studio 的文本编辑器

Visual Studio 提供了一个优秀的程序文本编辑器，特点是同 Visual Studio 的其他工具（如调试器）的配合非常好，使应用程序的修改和调试工作混为一体，非常方便。该文本编辑器不仅可编辑程序文本，还可编辑一般的文本文件和 HTML Page。

启动文本编辑器非常简单，只要建立一个新文本文件，或打开一个已存在的文本文件，文本编辑器就会自动出现。

在文本编辑器中，用一闪烁的短竖线表示编辑位置，通过键盘输入的文字在此位置插入文本。用鼠标左键点击文本中的某个字符可以改变编辑位置。

文本编辑器的基本操作包括：

→:光标向后移动一个字符。

←:光标向前移动一个字符。

↑:光标向上移动一行。

↓:光标向下移动一行。

Home:光标移动到行首。

End:光标移动到行尾。

Ctrl+Home：光标移动到文件头。

Ctrl+End：光标移动到文件尾。

PgUp:光标向上滚动一屏。

PgDn：光标向下滚动一屏。

Ctrl+Y:删除行。

Del:删除光标右边字符。

Backspace:删除光标左边字符。

Ins:插入/改写方式切换。

上机练习题

1. 编写计算阶乘 $n!$ 的程序。

2. 计算 $1! + 2! + 3! + 4! + \cdots + 10!$，即 $\sum\limits_{i=1}^{10} i!$

3. 编写程序求斐波那契数列的第 n 项和前 n 项之和。斐波那契数列形如

   $$0, 1, 1, 2, 3, 5, 8, 13, \cdots$$

   其通项为

   $F_0 = 0;$

   $F_1 = 1;$

   $F_n = F_{n-1} + F_{n-2}。$

4. 编程求 $\arcsin x \approx x + \left(\dfrac{1}{2}\right) \cdot \dfrac{x^3}{3} + \left(\dfrac{1 \cdot 3}{2 \cdot 4}\right) \cdot \dfrac{x^5}{5} + \left(\dfrac{1 \cdot 3 \cdot 5}{2 \cdot 4 \cdot 6}\right) \cdot \dfrac{x^7}{7} + \cdots + \dfrac{(2n-1)!!}{(2n)!!} \cdot$

   $\dfrac{x^{2n+1}}{2n+1} + \cdots$，其中 $|x| < 1$。

   提示:结束条件可用 $|u| < \varepsilon$,其中 u 为通项,ε 为预先给定的精度要求。

5. 用牛顿迭代法求方程:$2x^3 - 4x^2 + 3x - 6 = 0$ 在 1.5 附近的根。

   提示:迭代公式 $x_{n+1} = x_n - \dfrac{f(x_n)}{f'(x_n)}$

   结束迭代过程的条件为$(|f(x_{n+1})| < \varepsilon)$ 与 $(|x_{n+1} - x_n| < \varepsilon)$ 同时成立,其中 ε 为预先给定的精度要求。

6. 求解猴子吃桃问题。猴子在第一天摘下若干个桃子,当即就吃了一半,又感觉不过瘾,于是就多吃了一个。以后每天如此,到第 10 天想吃时,发现就只剩下了一个桃子。请编程计算第一天猴子摘的桃子个数。

7. 编写一个程序,寻找用户输入的几个整数中的最小值。并假定用户输入的第一个数值指定后面要输入的数值个数。例如,当用户输入数列为 5,20,15,300,9,700 时,程序应该能够找到最小数 9。

8. 有一分数序列

$$\frac{2}{1},\frac{3}{2},\frac{5}{3},\frac{8}{5},\frac{13}{8},\frac{21}{13},\cdots$$

（即后一项的分母为前一项的分子,后项的分子为前一项分子与分母之和。）求其前 n 项之和。

9. 求 $a+aa+aaa+aaaa+\cdots+aa\cdots a(n$ 个$)$,其中 a 为 $1\sim9$ 之间的整数。

例如:当 $a=1,n=3$ 时,求 $1+11+111$ 之和;

当 $a=5,n=7$ 时,求 $5+55+555+5555+55555+555555+5555555$ 之和。

10. 猜幻数游戏。由系统随机给出一个数字(即幻数),让游戏者去猜,如果猜对,则打印成功提示;否则,打印出错提示,并提示游戏者选择下一步动作,最多可以猜 5 次。

第 4 章

数组与集合

学习目标

掌握数组与集合的基本知识：声明数组、创建数组、多维数组、交错数组、foreach 语句、数组与方法、Array 类、常用集合类等。

授课内容

数组是一个存储相同类型元素的固定大小的顺序集合。数组是用来存储数据的集合，通常认为数组是一个同一类型变量的集合。如果需要使用同一类型的多个对象，就可以使用集合和数组。C# 用特殊的记号声明、初始化和使用数组。Array 类在后台发挥作用，它为数组中元素的排序和过滤提供了几个方法。

4.1　声明和创建数组

在 C# 中，数组是引用类型，它继承. NET 类库中名为 System. Array 的公共基类，这样可直接使用该基类中定义的各种属性和方法。例如：使用该类的 Length 属性可以获得数组中元素的总数；使用 Rank 属性可以获得数组的维数；使用 GetLength 方法可以获得数组中某个维的长度。数组也遵从先定义后使用的原则，根据需要可定义一维数组、多维数组和交错数组。

4.1.1　声明数组

C# 语言中，一维数组的声明形式如下：

数据类型[] 数组名

其中，数据类型表示的是数组中元素的类型。它可以是 C# 语言中任意合法的数据类型（包括数组类型）；数组名是一个标识符；方括号"[]"是数组的标志。例如：

int[] a;

C# 语言中数组是一种引用类型。声明数组只是声明了一个用来操作该数组的引用，并不会为数组元素实际分配内存空间。因此，声明数组时，不能指定数组元素的个数。例如：

```
int[10] a;      //错误
```

4.1.2　创建数组

声明数组后,在访问其元素前必须为数组元素分配相应的内存,也即创建数组。创建一维数组的一般形式如下:

　　　数组名 = new 数据类型[数组元素个数]

例如:

```
int[] array1;
array1 = new int[5];
```

上例声明了含有 5 个元素的一维整型数组 array1。该数组的 5 个元素分别为:array1[0],array1[1], array1[2], array1[3], array1[4],各元素的初值为系统默认值 0。

当然,数组的声明和创建完全可以出现在同一条语句中,例如:

```
int[] array1 = new int[5];
```

【例 4-1】　给一维数组输入 5 个整数,找出该数组中的最大数。

程序:

```
using System;
class Program
{
    static int Main()
    {
        int[] a = new int[5];
        Console.WriteLine("Please input an array with five elements:");
        //输入每个数组元素的值
        for (int i = 0; i<5; i++)
            a[i] = Convert.ToInt32(Console.ReadLine());
        int big = a[0];
        for (int j = 1; j<5; j++)//遍历整个数组
        if (a[j] > big)
            big = a[j];
        Console.WriteLine("max = {0}", big);
        return 0;
    }
}
```

输入和输出:

```
Please input an array with five elements:
12
24
36
48
```

60

max = 60

4.1.3　数组初始化

在 C♯语言中,可以在创建数组时给数组元素指定初始值,形式如下:

数据类型[]数组名 = new 数据类型[数组元素个数]{初始值 1,初始值 2,初始值 3,……,初始值 n};

其中,花括号中的内容即数组元素的初始值,n 为数组元素个数,每两个初始值间用“,”进行分隔。例如,int [] array1=new int[5]{1,2,3,4,5};

【例 4-2】 利用动态数组来求斐波那契数列的前 n 项。

程序:

```
using System;
class Program
{
    static void Main( )
    {
        int n;
        Console.WriteLine("Please input n = ?");
        n = Convert.ToInt32(Console.ReadLine());
        int []p = new int[n+1];
        p[0] = 0;
        p[1] = 1;
        for (int i = 1; i< = n; i++)
        {
            if (i > = 2)
                p[i] = p[i - 2] + p[i - 1];
            Console.Write("{0}  ",p[i]);
        }
        Console.WriteLine();
    }
}
```

输入和输出:

Please input n = ?

10

1 1 2 3 5 8 13 21 34 55

4.1.4　多维数组

一个数组的元素可以是另外一个数组,这样就构成了多维数组。多维数组的声明格式如下:

　　　　　数据类型[,,...]数组名

其中,方括号中的“,”表示数组的维数,数组的维数值为方括号中“,”的数目加1。没有“,”即一维数组,1个“,”即二维数组,2个“,”即三维数组,以此类推,即可声明更多维的数组。例如:

　　　　　int[,] array2;
　　　　　array2 = new int[4, 2];

或

　　　　　int[,] array2 = new int[4, 2];

其中:array2 数组包含 4×2 共 8 个元素,元素的初始值默认为 0。

　　创建二维数组,并提供初始化值,格式为:

　　　　　数组类型 [,] 数组名 = new 数组类型[行数,列数]{{...},{...},...,{...}};

或　　　数组类型 [,] 数组名 = new 数组类型[,]{{...},{...},...,{...}};

或　　　数组类型 [,] 数组名 = {{...},{...},...,{...}};

例如,创建成绩二维数组 score,并初始化下列元素值:

　　　　　86 92 78 99 87
　　　　　78 87 88 90 77
　　　　　79 80 87 67 89

程序语句为

　　　　　int [,] score = new int[3,5]{{ 86,92,78,99,87},{78,87,88,90,77},{79,80,
　　　　　　　　　87,67,89}};

或　　int [,] score = new int[,]{{ 86,92,78,99,87},{78,87,88,90,77},{79,80,87,67,89}};

或　　int [,] score = {{ 86,92,78,99,87},{78,87,88,90,77},{79,80,87,67,89}};

　　数组元素的排列方式如图 4-1 所示。

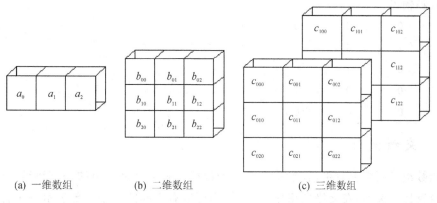

(a) 一维数组　　　　　(b) 二维数组　　　　　　　(c) 三维数组

图 4-1　数组元素的排列方式

【例 4-3】　将矩阵 **M** 转换成单位阵。

程序:

using System;

```
class Program
{
    static int Main()
    {
        int[,] M = new int[5, 5];
        int i, j;
        //初始化数组
        for (i = 0; i<5; i++)
        {
            for (j = 0; j<5; j++)
                M[i, j] = 0;
            M[i, i] = 1;
        }
        //输出整个数组元素
        for (i = 0; i<5; i++)
        {
            for (j = 0; j<5; j++)
                Console.Write(M[i, j] + "\t");
            Console.WriteLine();
        }
        return 0;
    }
}
```

输入和输出：

1	0	0	0	0
0	1	0	0	0
0	0	1	0	0
0	0	0	1	0
0	0	0	0	1

4.1.5　交错数组

交错数组又叫参差数组，其本质上是一个数组元素类型是数组的一维数组。交错数组的大小设置比较灵活，在交错数组中，每一行都可以有不同的大小。要表示一个行确定，但是每一行的列数不同的数据时，就可以使用交错数组。交错数组的声明及初始化方法如下：

数组类型［］［］　数组名 = new 数组类型［交错数组的长度］［］

例如：

int[][] JaggedArray = new int[3][];

就声明并创建了一个整型交错数组，它是由 3 个一维整型数组组成的，和二维数组的标志

[,]不同的是,交错数组需要定义两个[]号,在不指定初始值的情况下,必须指定第 1 个下标的数值,第 2 个下标不能指定。交错数组内的每个元素都是引用类型的,元素的默认值为null。在访问其元素前,必须使用 new 运算符声明。例如:

```
JaggedArray[0] = new int[数组长度];
JaggedArray[1] = new int[数组长度];
JaggedArray[2] = new int[数组长度];
```

交错数组同样可以使用初始化值列表进行初始化,可以不指定数组的长度,例如:

```
JaggedArray[0] = new int[2]{1,2};//指定数组长度
JaggedArray[1] = new int[]{3,4,5};    //不指定数组长度
JaggedArray[2] = new int[]{6,7,8,9,10};
```

交错数组的初始化还可以在声明时直接进行,例如:

```
int[][] JaggedArray = new int[][]
{
  new int[2]{1,2},
  new int[]{3,4,5},   //可以不指定元素数组的长度
  new int[]{6,7,8,9,10}
};   //注意末尾的";"
```

【例 4 - 4】　输出杨辉三角的前 9 行。

程序:

```
using System;
class Program
{
    static void Main( )
    {
        int [][] a = new int[9][];
        int i, j;
        for (i = 0; i<9; i + + ) a[i] = new int[i + 1];
        for (i = 0; i<9; i + + )
        {
            a[i][i] = 1; a[i][0] = 1;
        }
        for (i = 2; i<9; i + + )
            for (j = 1; j<i; j + + )
                a[i][j] = a[i - 1][j] + a[i - 1][j - 1];
        for (i = 0; i<9; i + + )
        {
            for (j = 0; j< = i; j + + )
                Console.Write("{0}\t", a[i][j]);
```

```
        Console.WriteLine();
      }
    }
}
```

输入和输出：

```
1
1    1
1    2    1
1    3    3    1
1    4    6    4    1
1    5    10   10   5    1
1    6    15   20   15   6    1
1    7    21   35   35   21   7    1
1    8    28   56   70   56   28   8    1
```

4.2 应用程序举例

【例 4-5】　编写程序用于计算如下两个矩阵之和。

$$\begin{bmatrix} 1 & 2 & 3 & 4 \\ 5 & 6 & 7 & 8 \\ 9 & 10 & 11 & 12 \end{bmatrix} + \begin{bmatrix} 1 & 4 & 7 & 10 \\ 2 & 5 & 8 & 11 \\ 3 & 6 & 9 & 12 \end{bmatrix} = ?$$

程序：

```
using System;
class Program
{
    static int Main()
    {
        const int M = 3;
        const int N = 4;
        double[,] a = new double[M, N]{
        {1, 2, 3, 4},{5, 6, 7, 8},{9, 10, 11,12}};
        double[,] b = new double[M, N]{
        {1, 4, 7,10},{2, 5, 8, 11},{3, 6, 9,12}};
        double[,] c = new double[M, N];
        Console.WriteLine("矩阵 a 和矩阵 b 的和矩阵 c 为:");
        for (int i = 0; i<M; i = i + 1)
        {
            for (int j = 0; j<N; j = j + 1)
            {
```

```
            c[i, j] = a[i, j] + b[i, j];
            Console.Write(c[i, j] + "\t");
        }
        Console.WriteLine();
    }
    return 0;
    }
}
```

输入和输出：

矩阵 a 和矩阵 b 的和矩阵 c 为：

2	6	10	14
7	11	15	19
12	16	20	24

【例 4 - 6】　计算 50!。

程序：

```
using System;
class Program
{

    static void Main()
    {
        const int MAXSIZE = 100;
        int []array = new int[MAXSIZE];
        int n;
        Console.Write("n = ");
        n = Convert.ToInt32(Console.ReadLine());
        int sum, sc;
        int i, j;
        for(i = 0; i<MAXSIZE; i + + )
            array[i] = 0;
        array[0] = 1;
        for(i = 2; i< = n; i + + )
        {
            sc = 0;
            for(j = 0; j<MAXSIZE; j + + )
            {
                sum = array[j] * i + sc;    //上一次进位值和当前计算结果求和
                sc = sum/10;                //存放进位数值
                array[j] = sum % 10;        //将余数存入对应数组元素
```

```
            }
        }
        Console.WriteLine(n + "!  = ");
        for(i = MAXSIZE - 1; i > = 0; i - - )
            Console.Write(array[i]);
        Console.WriteLine();
    }
}
```

输入和输出：

n = 50

50! =

00000000000000000000000000000000000030414093201713378043612608166064768844377641568960512000000000000

【例 4 - 7】　利用字符串的 Length 函数，计算字符串的长度。

程序：

```
using System;
class Program
{
    static int Main()
    {
        string strName;
        Console.WriteLine("Please input a string:");
        strName = Console.ReadLine();
        Console.WriteLine("The length of the string is:" + strName.Length);
        return 0;
    }
}
```

输入和输出：

Please input a string (within 99 characters):

xi'an Jiaotong University

The length of the string is 25

【例 4 - 8】　string 类的运算符操作。

程序：

```
using System;
class Program
{
    static int Main()
```

```
    {
        string str1 = "Alpha";
        string str2 = "Beta";
        string str3 = "Omega";
        string str4;
        //字符串赋值
        str4 = str1;
        Console.WriteLine(str1 + "\n" + str4);
        //字符串连接
        str4 = str1 + str2;
        Console.WriteLine(str4);
        str4 = str1 + "to" + str3;
        Console.WriteLine(str4);
        //字符串比较
        if (str3.CompareTo(str1) > 0) Console.WriteLine("str3 > str1");
        if (str3 = = str1 + str2)
            Console.WriteLine("str3 = = str1 + str2");
        return 0;
    }
}
```

输入和输出：

```
Alpha
Alpha
AlphaBeta
Alpha to Omega
str3>str1
```

【例 4 - 9】　将一个字符串中的所有小写字母转换为相应的大写字母。

程序：

```
using System;
class Program
{
    static int Main()
    {
        string str = "This is a sample";
        string dest;
        Console.WriteLine("The original string is" + str );
        dest = str.ToUpper();
```

```
        Console.WriteLine("After transform: " + dest );
        Console.ReadLine();
        return 0;
    }
}
```

输入和输出:

The original string is: This is a sample

After transform: THIS IS A SAMPLE

【例 4 - 10】　编写一个字符串拆分程序。

程序:

```
using System;
class Program
{
    static int Main()
    {
        string source = "This is a list of words.";
        string[] split = source.Split(new char []{' ',',','.'} );
        foreach(string s in split)
        {
            if(s.Trim()! = "")
            Console.WriteLine(s);
        }
        return 0;
    }
}
```

输入和输出:

This

is

a

list

of

words

【例 4 - 11】　替换加密(恺撒加密法)。

加密规则:将原来的小写字母用字母表中其后面的第 3 个字母的大写形式来替换,大写字母按同样规则用小写字母替换,对于字母表中最后的三个字母,可将字母表看成是首末衔接的。如字母 c 就用 F 来替换,字母 y 用 B 来替换。

程序:

```
using System;
```

```
class Program
{
    static int Main()
    {
        string s;
        s = Console.ReadLine();
        char[] p = s.ToCharArray();
        for (int i = 0; i<p.Length; i++)
            if (p[i] >= 'a' && p[i]<= 'z')
                p[i] = Convert.ToChar((p[i] - 'a' + 3) % 26 + 'a');
            else if(p[i] >= 'A' && p[i]<= 'Z')
                p[i] = Convert.ToChar((p[i] - 'A' + 3) % 26 + 'A');
        Console.WriteLine(p);
        return 0;
    }
}
```

输入和输出：

I love you.

L oryh brx.

4.3　Array 类

所有的数组类型都继承自 System. Array 抽象类,该类提供了一些方法可以对数组进行复制、排序、搜索等操作。

（1）复制数组时除了可以编写循环语句来复制数组的全部或部分元素到另外一个数组,也可以使用 Array 类提供的 Clone 方法或 Copy 方法来完成该操作,但 Clone 方法和 Copy 方法有一个重要区别：Clone 方法会创建一个新数组,而 Copy 方法必须传递阶数相同且有足够元素的已有数组。

（2）对数组元素进行排序除了编写排序算法进行排序外,也可以使用 Array 类提供的方法 Array. Sort 进行排序。Array. Sort 方法可以对数组中全部元素也可以是部分元素按升序排序,但只能对一维数组进行操作,此外可以使用 CompareTo 方法,如果要比较的对象相等,该方法就返回 0。如果该实例应排在参数对象的前面,该方法就返回小于 0 的值。如果该实例应排在参数对象的后面,该方法就返回大于 0 的值。

（3）调用方法 Array. BinarySearch 可以在一个一维数组中查找某个元素。如果有匹配的数据,该方法将返回该数据在数组中的索引位,否则返回 −1。

【例 4 − 12】　利用数组 Array 类的成员函数,实现字符串的反转。

程序：

using System;

```
class Program
{
    static int Main()
    {
        string str1 = "Hello";
        char[] str2 = str1.ToCharArray();
        Array.Reverse(str2);
        string str3 = new string(str2);
        Console.WriteLine("The result is:{0}", str3);
        return 0;
    }
}
```

输入和输出:

The result is:olleH

【例 4-13】 利用数组 Array 类的成员函数,实现整型数据元素的排序和翻转。

程序:

```
using System;
class Program
{
    static int Main()
    {
        int[] list = new int[8] { 503, 87, 512, 61, 908, 170, 897, 275 };
        int Count = list.Length;
        Array.Sort(list);
        Console.WriteLine("排序后的数组:");
        for (int k = 0; k<Count; k + + )
            Console.Write("{0}", list[k]);
        Console.WriteLine();
        Array.Reverse(list);
        Console.WriteLine("翻转后的数组:");
        for (int k = 0; k<Count; k + + )
            Console.Write("{0}", list[k]);
        Console.WriteLine();
        return 0;
    }
}
```

输入和输出：

排序后的数组：

61 87 170 275 503 512 897 908

翻转后的数组：

908 897 512 503 275 170 87 61

4.4　foreach 语句

foreach 语句在编程目的上与 for 语句相似，用来遍历数组或其他集合类内的元素。

在 C♯语言中，foreach 语句的一般形式如下：

　　　foreach(元素数据类型 循环变量名 in 集合)

　　　　　语句

其中"元素数据类型"必须与集合中元素的数据类型相兼容。foreach 语句的执行总是从集合的第一个元素开始逐一对集合进行遍历。需要注意的是，在 foreach 代码块中，元素的值如果是简单类型，其值不能被改变；如果是对象变量时调用对象的相关方法则可能会改变变量的值。

【例 4 - 14】 编写一个用于对整型数组进行排序的程序，排序方法使用简单的冒泡排序法。

程序：

```
using System;
class Program
{
    static int Main()
    {
        int[] list = {503, 87, 512, 61, 908, 170, 897, 275, 653, 426, 154, 509,
                    612, 677, 765, 703};
        int Count = list.Length;
        for (int i = 0; i<Count; i++)
            for (int j = Count - 1; j > i; j--)
                if (list[j - 1] > list[j])
                {
                    int tmp = list[j - 1];
                    list[j - 1] = list[j];
                    list[j] = tmp;
                }
        //输出排序后的数组
        Console.WriteLine("The result is :");
        foreach (int k in list)
```

```
        Console.Write("{0}", k);
        Console.WriteLine();
        Console.ReadLine();
        return 0;
    }
}
```

输入和输出：

The result is：

61 87 154 170 275 426 503 509 512 612 653 677 703 765 897 908

自学内容

4.5　常用集合类

集合就如同数组，用来存储和管理一组特定类型的数据对象，除了基本的数据处理功能外，集合直接提供了各种数据结构及算法的实现，如队列、链表、排序等，可以轻易地完成复杂的数据操作。在使用数组和集合时要先加入 System. Collections 命名空间，它提供了支持各种类型集合的接口及类。集合本身也是一种类型，可以将其作为存储一组数据对象的容器。由于 C♯ 语言面向对象的特性，管理数据对象的集合同样被视为对象，而存储在集合中的数据对象则被称为集合元素。

1. ArrayList 类

ArrayList 代表一个能根据需要动态增加大小的一维数组。它能包含任何托管类型的元素，而且不要求所包含元素的数据类型相同。ArrayList 被创建时会有一个默认容量，大小为 4，当添加元素时 ArrayList 的容量不会继续增加，直到元素个数超过当前容量值，该值会在当前容量基础上翻倍。

ArrayList 对象是较为复杂的数组。我们可以将它看作一个扩充了功能的数组，但 ArrayList 并不等同于数组，与数组相比，它们的功能和区别是：

(1)数组的容量是固定的，但 ArrayList 的容量可以根据需要自动扩充。当我们修改了 ArrayList 的容量时，可以自动进行内存重新分配和元素复制，比如往 1 号索引位插入 n 个元素，插入后，元素的索引依次向后 n 个位置排列，它是动态版本的数组类型，有时候我们称 ArrayList 为动态数组。

(2)在数组中，只能获取一次或设置一个元素的值，如利用索引赋值。ArrayList 提供添加、插入或移除某一范围元素的方法。

(3)数组可以是多维，而 ArrayList 只有一维。

(4)数组要求所有元素类型一致，而 ArrayList 的每个元素的数据类型都可以不相同。

【例 4 - 15】　利用集合类 ArrayList，计算数据的中间值。

程序：

```
using System;
using System.Collections;
class Program
{
    static int Main()
    {
        int[] mylist = new int[5]{503, 87, 512, 61, 908};
        ArrayList list = new ArrayList(mylist);
        list.Sort();
        Console.WriteLine("排序后的数组:");
        int Count = list.Count;
        for (int k = 0; k<Count; k + + )
            Console.Write("{0}", list[k]);
        Console.WriteLine();
        Console.WriteLine("数组的中间值为{0}", list[Count/2]);
        Console.WriteLine("数组的元素个数为{0}", list.Count);
        Console.WriteLine("数组的元素容量为{0}", list.Capacity);
        return 0;
    }
}
```

输入和输出：

排序后的数组：

61 87 503 512 908

数组的中间值为 503

数组的元素个数为 5

数组的元素容量为 5

2. Queue 类

Queue 类封装了一个先进先出（First In First Out，FIFO）的集合。队列用来存储以入队的先后顺序进行处理的对象。Queue 对象有一个增长系数，它表示当存储的元素数达到了它的容量，这个容量会根据增长系数自动增加。该系数的默认值为 2.0，即当队列满时，容量会倍增。

Queue 对象使用 Enqueue 方法向队列的结尾处添加元素；Queue 对象使用 Dequeue 方法从队列的头部移除并返回元素；Queue 对象使用 Peek 方法返回队列头部元素，但不移除。

【例 4 - 16】 利用集合类 Queue，实现数据的插入和删除。

程序：

```
using System;
```

```
using System.Collections;
class Program
{
    static int Main()
    {
        Queue myque = new Queue(7);
        myque.Enqueue("Sunday");
        myque.Enqueue("Monday");
        myque.Enqueue("Tuesday");
        myque.Enqueue("Wednesday");
        myque.Enqueue("Thursday");
        myque.Enqueue("Friday");
        myque.Enqueue("Saturday");
        Console.WriteLine("我的队列包含:");
        for (int i = 0; myque.Count>0; i++)
            Console.Write(myque.Dequeue() + "   ");
        Console.WriteLine();
        return 0;
    }
}
```

输入和输出:

我的队列包含:

Sunday　Monday　Tuesday　Wednesday　Thursday　Friday　Saturday

3. Stack 类

Stack 类模仿了一个简单的后进先出(Last In First Out,LIFO)集合。堆用来存储以加入堆的先后顺序进行处理的对象。Stack 类在本质上与它的近亲 Queue 类很相似,只是元素进出的方向不同。通过下面的例 4-16 与之前的例 4-15 做对比来说明两者的相似性。

Stack 对象使用 Push 方法向队列的结尾处添加元素;Stack 对象使用 Pop 方法从队列的头部移除并返回元素;Stack 对象使用 Peek 方法返回队列头部元素,但不移除。

【例 4-17】 利用集合类 Stack,判断一个数据是否是回文数。

程序:

```
using System;
using System.Collections;
class Program
{
    static int Main()
    {
        string a;
```

```
        int i;
        Stack x = new Stack();
        Console.Write("请输入一个整数:");
        a = Console.ReadLine();
        for (i = 0; i<a.Length; i++)
            x.Push(a[i]);
        char[] b = new char[a.Length];
        for (i = 0; x.Count > 0; i++)
        {
            b[i] = (char)x.Pop();
        }
        string c = new string(b);
        if (a == c)
            Console.WriteLine(a + "是回文数");
        else
            Console.WriteLine(a + "不是回文数");
        return 0;
    }
}
```

输入和输出:

请输入一个整数:123321

123321 是回文数

4. Hashtable 类

Hashtable 类封装了一个键/值(key/value)对的集合,它们根据键的散列代码组织在一起。键通常用来进行快速查找,同时键是大小写敏感的;值用于存储对应于键的值。Hashtable 中键/值对的键与值均为 object 类型,所以 Hashtable 可以支持任何类型的键/值对。

当一个键/值对被添加到 Hashtable 中,根据键的散列代码把它放入一个存储桶(bucket)中。这加速了访问键/值对的进程,因为查找机制只对一个存储桶中的键进行查找。键、值总是成对出现的,只要找到了键,相应地就找到了值。正因为键是散列存放的,所以是无序的,也就不能使用下标的方式来访问 Hashtable 的值。

常用集合类及其说明见表 4 - 1。

表 4 - 1　System. Collections 命名空间下的集合类及其说明

集合类	说　　明
ArrayList	实现动态数组的功能
Queue	表示对象的先进先出集合,存储在 Queue(队列)中的对象在一端插入,从另一端移除
Stack	堆栈(Stack)代表了一个后进先出的对象集合。当需要对各项进行后进先出的访问时,则使用堆栈。当在列表中添加一项,称为推入元素,当从列表中移除一项时,称为弹出元素

集合类	说　　明
Hashtable	用于处理和表现类似 key、value 的键值对,其中 key 通常可用来快速查找,同时 key 是区分大小写;value 用于存储对应于 key 的值
SortedList	表示键/值对的集合,这些键值对按键排序并可按照键和索引访问。SortedList 在内部维护两个数组以存储列表中的元素;即,一个数组用于键,另一个数组用于相关联的值

【例 4 - 18】　利用集合类 SortedList,实现单词查找功能。

程序:

```
using System;
using System.Collections;
class Program
{
    static int Main()
    {
        SortedList mydict = new SortedList();
        mydict.Add("Sunday","星期日");
        mydict.Add("Monday","星期一");
        mydict.Add("Tuesday","星期二");
        mydict.Add("Wednesday","星期三");
        mydict.Add("Thursday","星期四");
        mydict.Add("Friday","星期五");
        mydict.Add("Saturday","星期六");
        Console.Write("请输入一个单词:");
        string word;
        word = Console.ReadLine();
        int p = mydict.IndexOfKey(word);//若未找到,返回 -1;找到则返回索引值
        if (p<0)
            Console.WriteLine("没找到");
        else
            Console.WriteLine("单词:{0}\n 解释:{1}", mydict.GetKey(p),
                            mydict.GetByIndex(p));
        return 0;
    }
}
```

输入和输出:

请输入一个单词:Sunday

单词：Sunday

解释：星期日

【例 4 - 19】　将 3 个字符串入队，再按先进先出的原则删除。

程序：

```
using System；

using System.Collections.Generic；


class Program
{
    static void Main( )
    {
        //先进先出
        string[] course = new string[] {"Chinese","Math","English"}；
        Queue<string> aa = new Queue<string>()；
        Console.WriteLine("按顺序输入队列：")；
        foreach (var item in course)
        {
            aa.Enqueue(item)；
            Console.Write(item + "")；
        }
        Console.WriteLine()；
        Console.WriteLine("按先进先出删除队列：")；
        for (int i = 0； i<3 ；i + +)
        {
            aa.Dequeue()；
            PrintQueue(aa)；
        }
    }
    private static void PrintQueue(Queue<string> list)
    {
        Console.Write("当前队列：")；
        foreach (string str in list)
        {
            Console.Write(str + "")；
        }
        Console.WriteLine()；
    }
}
```

输入和输出：

按顺序输入队列：

Chinese Math English

按先进先出删除队列：

当前队列：Math English

当前队列：English

当前队列：

【例 4 - 20】 下面的代码演示了将 3 个字符串入栈，再按后进先出的原则删除。

程序：

```csharp
using System;
using System.Collections.Generic;
class Program
{
    static void Main( )
    {
        //后进先出
        string[] course = new string[] {"Chinese","Math","English"};
        Stack<string> aa = new Stack<string>();
        Console.WriteLine("按顺序输入栈：");
        foreach (var item in course)
        {
            aa.Push(item);
            Console.Write(item + "");
        }
        Console.WriteLine();
        Console.WriteLine("按后进先出删除栈：");
        for (int i = 0; i<3 ;i++)
        {
            aa.Pop();
            PrintStack(aa);
        }
    }
    private static void PrintStack(Stack<string> list)
    {
        Console.Write("当前栈：");
        foreach (string str in list)
        {
            Console.Write(str + "");
```

```
            }
        Console.WriteLine();
        }
    }
```

输入和输出：

按顺序输入栈：

Chinese Math English

按后进先出删除栈：

当前栈：Math Chinese

当前栈：Chinese

当前栈：

上机练习题

1. 使用数组来求斐波那契数列的第 n 项和前 n 项之和。

2. 编写程序，将 4 阶方阵转置，如下所示。

$$
\begin{bmatrix} 4 & 6 & 8 & 9 \\ 2 & 7 & 4 & 5 \\ 3 & 8 & 16 & 15 \\ 1 & 5 & 7 & 11 \end{bmatrix} \Rightarrow \begin{bmatrix} 4 & 2 & 3 & 1 \\ 6 & 7 & 8 & 5 \\ 8 & 4 & 16 & 7 \\ 9 & 5 & 15 & 11 \end{bmatrix}
$$

　　　　转置前方阵 **A**　　　　　　　　　转置后方阵 **A**

3. 使用数组编写一个统计学生课程平均分的程序。

    输入 6 个学生的学号和 3 门课程的成绩（整数形式），统计每个学生 3 门课程的平均分（整数形式），最后输出统计结果。输出格式：

　　　　学号　　　高数　　　英语　　　体育　　　平均分
————————————————————————————————

4. 编写一个程序，要求用户输入一个十进制正整数，然后分别转换成为二进制数、八进制数和十六进制数输出。

5. 输入 10 个字符到一维字符数组 s 中，将字符串置逆。即 s[0] 与 s[9] 互换，s[1] 与 s[8] 互换，……，s[4] 与 s[5] 互换，输出置逆后的数组 s。

6. 编写解密函数，将字符串的密文转换为明文。密文形成方法是字母 A 用其后第 4 个字符 E 代替，字母 a 用 e 代替。要求编写主函数加以测试。

第 5 章

方　法

学习目标

掌握 C♯ 方法的编写和调用方法,以及方法的参数传递、方法重载等概念。

授课内容

一个方法是把一些相关的语句组织在一起,用来执行一个任务的语句块。每一个 C♯ 程序至少有一个带有 Main 方法的类。

要使用一个方法,需要:

(1)定义方法;

(2)调用方法。

5.1　方法的定义

在 C♯ 程序中,没有像 C 和 C++ 语言中的全局函数,每一个方法都必须和类或结构相关。方法在类或结构中声明,需要指定访问修饰符、返回值类型、方法名称和方法参数。

其声明的一般格式如下:

```
[访问修饰符] 返回值类型 方法名称([参数列表])
{
    //方法体
}
```

说明:

(1)访问修饰符。5 种访问修饰符的一种。该项可以省略,默认访问权限为 private(私有的)。

(2)返回值类型。方法执行相应操作后返回的值的数据类型。方法的执行不一定要有返回值,但没有返回值并不意味着该项可以省略。如果方法没有返回值,则返回值类型必须为 void。

(3)方法名称。推荐使用具有一定含义的词语作为方法名的声明,例如 PrintResult的大意就是打印计算结果,这样其他的开发人员也能够读懂该方法的作用,提高了代码的可读性。

(4)参数列表。在定义方法时,参数列表中的参数称为形参(形式参数)。参数列表用来向方法传递参数。参数列表可以省略,表示方法没有参数,但是一对小括号不能省略。如果包含多个参数,则参数之间用逗号分隔。参数列表声明格式如下:

数据类型　参数 1,数据类型　参数 2,……,数据类型　参数 n

(5)方法体可以为空,但一对大括号不能缺少。

【例 5 - 1】　编写一个求阶乘 n! 的方法。

算法:阶乘 n! 的定义为

$$n! = n \times (n-1) \times (n-2) \times \cdots \times 2 \times 1$$

且规定 0! = 1。

程序:

```
using System;
class Program
{
    static long fac(longn)
    {
        long result = 1;
        if (n<0)
            return - 1;
        else if (n< = 1)
            return 1;
        while (n > 1)
        {
            result * = n;
            n - - ;
        }
        return result;
    }
    static int Main()
    {
        int n;
        Console.WriteLine("Please input a number n:");
        n = Convert.ToInt32(Console.ReadLine());
        Console.WriteLine(n + "! = " + fac(n));
        return 0;

    }
}
```

输入和输出:

Please input a number n:

13

13! = 6227020800

分析：如果 n 为负数,则方法 fac( )返回 -1,负值在正常的阶乘值中是不会出现的,正好用作参数错误的标志。

该方法定义了一个阶乘的算法。该方法一经定义,就可以在程序中多次地使用它。方法的使用是通过方法调用来实现的。

5.2　方法体

方法体是用来描述方法所要执行的语句序列,包含在一对大括号"{}"中。方法体中可以包含变量的定义、控制语句块以及对其他方法的调用。方法体虽然可以为空,但内容为空的方法没什么作用,因此需要根据方法要实现的具体功能添加方法体。

1. 局部变量

在方法体中定义的变量,一般称为局部变量。它用于临时保存方法体中的计算数据。其定义格式如下:

　　　　数据类型 变量名称[= *初始值*]；

值得注意的是,局部变量和实例字段部用来保存数据,但它们之间存在以下区别:

(1)实例字段在定义时,若不使用初始值对其进行初始化,则系统会将默认值赋值给该字段。而对于局部变量,在引用该局部变量之前,必须显式地对其赋值,否则系统会报错："使用了未赋值的局部变量。"如以下代码所示:

```
int i,j = 2;
Console.WriteLine("{0} + {1} = {2}",i,j,i + j);
```

(2)局部变量不能用访问修饰符修饰。如以下代码:

```
public int i;
```

(3)它们的生存周期不同。实例字段的生存周期从实例被创建开始,到实例销毁时结束。而对于局部变量来说,当局部变量所在的语句块执行到其被定义的语句时开始,到所在的语句块执行完成后结束。如以下代码:

```
for (int i = 0; i<a.Length; i + + )
    x.Push(a[i]);
```

2. return 语句

如果方法有返回值,则必须在方法体中使用 return 语句从方法中返回一个值。

return 语句的使用格式如下:

　　　　return *表达式*；

说明:

(1) return 语句会将值返回给方法的调用方。另外还会终止当前方法的执行并将控制权返回给调用方,而不管 return 语句后是否还有其他语句未执行。例如,下面的方法使用

return 语句来返回两个整数之和：

```
static double Sum(int x, int y)
    {
        Console.WriteLine("{0} + {1} = {2}", x, y, x + y);
        return 0;
    }
```

当执行完 return 语句之后，方法配合终止，返回到调用方，而之后的语句都不会被执行。

（2）return 关键字后面是与返回值类型匹配的表达式（表达式值的类型必须与方法声明的返回值类型相同，或是能隐式地转换成为返回值类型）。

以上方法返回值的数据类型为 double 类型。但是 return 语句后的 Sum 是 int 类型。由于 int 类型能够安全转换为 double 类型，且不会丢失信息，因此程序能够正常运行。

（3）方法体中可以有多条 return 语句，但如果方法有返回值，就必须保证有一条 return 语句必定会被执行一次，例如，对于下面的方法，编译器会报错："并非所有的代码路径都返回值。"

```
static bool jud(int x)
    {
        if(x = = 0)
            return true;
    }
```

（4）在没有返回值的方法体中，方法会按照语句的流程执行完成后自动终止，返回给调用方。但也可以使用 return 语句来提前停止方法的执行，由于没有返回值，因此省略 return 关键字后的表达式，直接用分号结束。格式如下：

```
return ;
```

【例 5 - 2】 求任意两个整数的最大数（方法原型声明的使用）。

程序：

```
using System;
class Program
{
    static int max(int x, int y)
    {
        return x > y ? x : y;
    }
    static void Main()
    {
        int a, b;
        Console.WriteLine("Enter two integers:");
        a = Convert.ToInt32(Console.ReadLine());
        b = Convert.ToInt32(Console.ReadLine());
        Console.WriteLine("The maxium number is {0}", max(a, b));
```

```
    }
}
```

输入和输出：

```
Enter two integers：
12
18
The maxium number is 18
```

5.3　实例方法与静态方法

声明方法时使用了 static 修饰符的是静态方法，没有使用 static 修饰符的方法则是实例方法。前面讲到的方法都是实例方法。同字段类似，实例方法属于实例对象，而静态方法则属于类本身。

静态方法除了在声明时与实例方法有区别以外，还有三个区别：

（1）在静态方法体中不能引用类的实例成员，只能访问类的静态成员。

（2）在方法的调用方式上。静态方法属于整个类所有，因此调用它不需要实例化，可以直接调用，实例方法必须先实例化，创建一个对象，才能进行调用。

（3）在程序运行期间，静态方法是一直存放在内存中，因此调用速度快，但是却占用内存。实例方法是使用完成后由回收机制自动进行回收，下次再使用必须再实例化。

5.4　方法的调用

调用一个方法就是执行该方法的方法体的过程。

方法调用的一般形式为：

　　对象名.实例方法名(参数列表)

　　类名.静态方法名(参数列表)

而在类的内部，不管是实例方法还是静态方法，都可以用方法名直接调用：

　　方法名(参数列表)

说明：

（1）在方法调用时，参数列表中的参数称为实参（实际参数）。

（2）参数匹配。在方法调用时，实参必须与形参相匹配。匹配是指参数的类型（类型相同或能隐式转换）、个数以及顺序相符合。例如有以下方法声明：

```
static double sum(int a, double b, int c)
    {
        return a + b + c;
    }
```

（3）如果方法的返回类型是 void，则方法调用表达式就没有值。如果方法的返回类型不是 void，则调用表达式的值就是方法体内 return 语句中表达式的值。

5.5 方法间的参数传递

当调用带有参数的方法时,需要向方法传递参数。在 C♯ 中,有三种向方法传递参数的方式:

(1)按值传递参数;

(2)按引用传递参数;

(3)按输出传递参数。

5.5.1 值调用

值调用的特点是调用时实参仅将其值赋给了形参,因此,在方法中对形参值的任何修改都不会影响到实参的值。前面介绍的例子中的方法调用均为值调用。值调用的好处是减少了调用方法与被调用方法之间的数据依赖,增强了方法自身的独立性。

【例 5 - 3】 交换两个变量的值。

算法:交换两个变量 x 和 y 的值一定要用到第三个变量 t 作为周转:

$$t = x;$$
$$x = y;$$
$$y = t;$$

程序:

```
using System;
class Program
{
    static void swap(int x, int y)
    {
        int tmp;
        tmp = x;
        x = y;
        y = tmp;
    }
    static void Main( )
    {
        int a = 2, b = 3;
        Console.WriteLine("Before exchange:a = {0} ,b = {1}", a, b);
        swap(a, b);
        Console.WriteLine("After exchange:a = {0} ,b = {1}", a, b);
    }
}
```

输出：

Before exchange：a = 2 ，b = 3

After exchange：a = 2 ，b = 3

分析：从输出结果来看，方法 swap( )并没有完成交换两个变量的任务。为什么？如前所述，方法的参数实际上相当于在方法内部声明的变量，只是在调用时由实参变量 a 和 b 为其提供初值。因此，虽然在方法 swap()中变量 x 和 y 的值确实被交换了，但它们对在主方法中作为调用方法 swap()的实参的 a 和 b 却并无影响。考虑用如下语句调用 swap()方法的情况：

　　　swap(2,3＋a);

这一点就更加明显了：常数 2 和表达式 3＋a 用于向 swap()方法的参数 x 和 y 传递初值，但无法想象常数 2 和表达式 3＋a 交换的意义是什么。

5.5.2　引用调用

由于被调用方法向调用方法传递的数据仅有一个返回值，有时显得不够用。在这种情况下，需要使用引用调用。

引用是一种特殊类型的变量，可以被认为是另一个变量的别名。通过引用名与通过被引用的变量名访问变量的效果是一样的。

除了按值传递参数外，C♯程序还允许按引用的方式来传递参数（**注意**："按引用的方式传递参数"和之前讲到的"引用类型按值传递"是不同的）。当使用"引用传递"方式传递参数时，在方法中对形参进行的任意修改都会反应在相应的实参中，这种方式又称双向传递。在C♯中，可以用 ref 关键字来实现引用传递。

在 C♯程序中要通过引用方式传递数据，可以使用关键字 ref。使用方法：在定义方法时，在需要按引用传递的参数的类型说明符前加上关键字 ref。在调用方法时，在按引用传递的实参之前也要加上关键字 ref。另外，使用 ref 进行引用传递前，实参必须初始化。

【例 5-4】　利用引用变量编写交换方法 swap( )。

程序：

```
using System;
class Program
{
    static void swap(ref int x, ref int y)
    {
        int tmp = x;
        x = y;
        y = tmp;
    }
    static int Main()
    {
        int a = 2, b = 3;
        Console.WriteLine("Before exchange：a = " + a +",b = " + b);
```

```
        swap(ref a, ref b);
        Console.WriteLine("After  exchange:a = " + a + ",b = " + b);
        return 0;
    }
}
```

输出:

```
Before exchange:a = 2,b = 3
After   exchange:a = 3,b = 2
```

说明:程序运行结果表示实参 a、b 内容的交换成功。这是因为方法的参数是引用,所以在方法中的操作直接对引用指向的变量进行。

5.5.3 输出调用

输出调用的特点是可以返回多个值。return 语句可用于只从函数中返回一个值。但是,可以使用输出函数从函数中返回两个值。输出参数会把方法输出的数值赋给自己,其他方面与引用参数类似。

提供给输出函数的变量不需要赋值。当需要从一个参数没有指定初始值的方法中返回值时,输出函数特别有用。

注意:out 型数据在方法中必须要赋值,否则编译器会报错。

【例 5 - 5】 利用输出变量编写交换方法 swap( )

程序:

```
using System;
class Program
{
    static void swap(out int x, out int y)
    {
        x = Convert.ToInt32(Console.ReadLine());
        y = Convert.ToInt32(Console.ReadLine());
        int tmp = x;
        x = y;
        y = tmp;
    }
    static int Main()
    {
        int a = 2, b = 3;
        Console.WriteLine("Before exchange:a = " + a + ",b = " + b);
        swap(out a, out b);
        Console.WriteLine("After  exchange:a = " + a + ",b = " + b);
        return 0;
    }
}
```

输入和输出：

Before exchange：a = 2，b = 3

2

3

After   exchange：a = 3，b = 2

说明：

输出变量与引用变量的区别是：

(1)未初始化的变量用作 ref 非法，而 out 合法。

(2)函数调用 out 参数量，必须把它当作尚未赋值(即可以把已赋值的变量当作 out 参数，但存储在该变量中的值在方法执行时会丢失)。

5.6 数组的参数传递

C#语言中数组可以作为参数在方法之间进行传递。

5.6.1 将数组作为参数传递给方法

可以将初始化的一维数组传递给方法。例如：

```
PrintArray(theArray);
```

上面的行中调用的方法可定义为：

```
void PrintArray(int[] arr)
{
    //方法代码
}
```

也可以在一个步骤中初始化并传递新数组。例如：

```
PrintArray(new int[]{1,3,5,7,9});
```

多维数组作为参数传递给方法的形式与一维数组类似。

以上面的形式调用结束后数组内的值不会发生更改，如果希望调用结束后数组的值发生改变就需要使用 ref 或 out 方式来传递参数，并且这两个关键字都必须显式使用。

使用 ref 关键字传递数组时，与所有的 ref 参数一样，数组在调用前必须明确赋值。而在使用 out 关健字时对数组进行赋值不是必须的。

5.6.2 参数数组

在某些情况下，当为方法定义参数时，无法确定参数的个数。比如要实现多个整数的累加，当输入几个整数时就得到这几个整数的和。由于在程序编写阶段无法预知用户输入的整数个数，因此无法确定该方法参数的个数。

params 参数定义格式如下：

　　　方法修饰符 返回类型 方法名(params 类型[] 变量名)

说明：params 参数也称为参数数组，当我们要声明参数数组时，要注意以下几个方面。

（1）在方法声明参数列表中最多只能出现一个参数数组，并且该参数数组必须位于形参列表的最后。

（2）参数数组必须是一维数组。

（3）与参数数组对应的实参可以是任意多个与该数组的元素属于同一类型的变量，也可以是同一类型的数组。

（4）不允许将 params 修饰符与 ref 和 out 修饰符组合起来使用。

5.6.3　返回数组

数组也可以用作方法的返回值，需要注意的是，从某一方法返回数组，实际返回的只是一个数组的引用。

out 关键字同样会使参数通过引用来传递，这与 ref 关键字类似。若要使用 out 参数，方法定义和调用方法都必须显式使用 out 关键字。

关键字 ref 和 out 都可以用于参数的引用传递，并且都适合于返回多个值的应用，它们的不同之处在于哪个方法负责初始化参数。如果一个方法的参数被标识为 ref，那么调用代码在调用该方法之前必须首先初始化参数，被调用方法则可以任意选择读取该参数，或者为该参数赋值；而如果一个方法的参数被标识为 out，那么调用代码在调用该方法之前可以不初始化该参数，实际上，即使在调用前初始化了该参数，在进行传递时，该值也会被忽略。

由此可见，参数 x 的值没有传递给形参 a。因此在方法内部，out 参数如同方法内的局部变量一样，在引用前必须先为其赋值。

其次，还必须在方法返回之前为 out 参数赋值。

由此可以得出结论：out 参数不能将值带进方法体，而只能将值带出方法体。

5.7　方法重载

所谓方法重载，即一组参数和返回值不同的方法共用一个方法名。

先来看看方法签名的概念：方法签名是由方法的名称和参数列表（参数的数目、顺序、类型）组成。在同一个类中，每个方法的签名必须是唯一的。只要成员的参数列表不同，成员的名称可以相同。如果类中有两个或多个方法具有相同的名称和不同的参数列表，则称这些同名方法实现了方法重载（overload）。

因此构成重载的方法之间除了首先要满足方法名称相同外，还必须满足以下条件之一：

（1）参数的数目不同。

（2）相同位置上参数的类型不同。

（3）参数的修饰符不同。

重载导致了同一个类中有一个以上的同名方法，因此在调用时，编译器会根据实参的数目、类型等在重载方法中自动匹配具有相同方法签名的方法。

【例 5 - 6】　重载绝对值方法。

程序：

```
using System;
class Program
```

```
{
    static int abs(int x)
    {
        return x>0? x: - x;
    }
    static double abs(double x)
    {
        return x>0? x: - x;
    }
    static long abs(long x)
    {
        return x>0? x: - x;
    }
    static void Main( )
    {
        int x1 = 1;
        double x2 = 2.5;
        long x3 = 3L;
        Console.WriteLine("|x1| = {0}", abs(x1));
        Console.WriteLine("|x2| = {0}", abs(x2));
        Console.WriteLine("|x3| = {0}", abs(x3));
    }
}
```

输出:
|x1| = 1
|x2| = 2.5
|x3| = 3

分析:本例中定义了 3 个同名的方法 abs( ),分别为求整型量、实型量和长整型量绝对值的方法。在 Main( )方法中分别调用这 3 个方法求 x1、x2、x3 的绝对值。

重载的方法既然方法名相同,那么编译器是根据什么确定一次方法调用是哪一个方法呢? 编译器是根据方法参数的类型和个数来确定应该调用哪一个方法的。因此,重载方法之间必须在参数的类型或个数方面有所不同。只有返回值类型不同的几个方法不能重载。

5.8　应用程序举例

【例 5 - 7】 编写一个用于对整型数组进行排序的方法,排序方法使用冒泡排序法。
程序:
using System;

```
class Program
{
    //方法 bubble_up()：冒泡法排序
    static void bubble_up(int[] list, int count)
    {
        for (int i = 0; i<count; i = i + 1)
            for (int j = count - 1; j > i; j = j - 1)
                if (list[j - 1] > list[j])
                {
                    int tmp = list[j - 1];
                    list[j - 1] = list[j];
                    list[j] = tmp;
                }
    }
    //测试冒泡法排序的主程序
    static void Main( )
    {
        int i;
        int[] array = new int[10]{503, 87, 512, 61, 908, 170, 897, 275, 653, 426};
        Console.WriteLine("原数组：");
        for (i = 0; i<10; i + +)
            Console.Write("{0}  ", array[i]);
        Console.WriteLine();
        bubble_up(array, 5);
        Console.WriteLine("对数组前 5 项进行排序后的结果：");
        for (i = 0; i<10; i + +)
            Console.Write("{0}  ", array[i]);
        Console.WriteLine();
        bubble_up(array, 10);
        Console.WriteLine("对整个数组排序后的结果：");
        for (i = 0; i<10; i + +)
            Console.Write("{0}  ", array[i]);
        Console.WriteLine();
    }
}
```

输入和输出：

原数组：

503　87　512　61　908　170　897　275　653　426

对数组前 5 项进行排序后的结果：

61　87　503　512　908　170　897　275　653　426

对整个数组排序后的结果：

61　87　170　275　426　503　512　653　897　908

【**例 5 - 8**】　打印 1000～10000 之间的回文数。所谓回文数是指其各位数字左右对称的整数，例如，12321、789987、1 等都是十进制回文数。

程序：

```csharp
using System;
class Program
{
    //判断是否回文数方法
    static bool Ispalindrome(int n)
    {
        int k, m = 0;
        k = n;
        while (k ! = 0)
        {
            m = m * 10 + k % 10;
            k = k/10;
        }
        return (m = = n);
    }
    //找出并显示 1000～10000 间的回文数
    static void Main( )
    {
        int a = 0;
        for (int i = 1000; i<10000; i + +)
        {
            if (Ispalindrome(i))
            {
                a + = 1;
                Console.Write("{0}\t", i);
                if (a % 10 = = 0)
                    Console.WriteLine();
            }
```

```
        }
    }
}
```

输入和输出：

1001	1111	1221	1331	1441	1551	1661	1771	1881	1991
2002	2112	2222	2332	2442	2552	2662	2772	2882	2992
3003	3113	3223	3333	3443	3553	3663	3773	3883	3993
4004	4114	4224	4334	4444	4554	4664	4774	4884	4994
5005	5115	5225	5335	5445	5555	5665	5775	5885	5995
6006	6116	6226	6336	6446	6556	6666	6776	6886	6996
7007	7117	7227	7337	7447	7557	7667	7777	7887	7997
8008	8118	8228	8338	8448	8558	8668	8778	8888	8998
9009	9119	9229	9339	9449	9559	9669	9779	9889	9999

【例 5 - 9】　编写一个方法用于将一个 double 类型的数组清零（即将其所指定前 len 项的所有元素全部置为 0）。

程序：

```
using System;
class Program
{
    static void clear_array(double[] ptr, int n)
    {
        for (int i = 0; i<n; i++)
        {
            ptr[i] = 0.0;
        }
    }
    static int Main()
    {
        int i,n, count = 10;
        double[] array = new double[10] {
        503, 87, 512, 61, 908, 170, 897, 275, 653, 426 };
        Console.WriteLine("数组清零前的结果:");
        for (i = 0; i<count; i++)
            Console.Write(array[i] + "");
        Console.WriteLine();
        Console.WriteLine("输入数组元素个数:");
        n = Convert.ToInt32(Console.ReadLine());
        clear_array(array,n);
```

```
        Console.WriteLine("对数组清零后的结果:");
        for (i = 0; i<count; i++)
            Console.Write(array[i] + "");
        Console.WriteLine();
        return 0;
    }
}
```

输入和输出:

数组清零前的结果:

503 87 512 61 908 170 897 275 653 426

输入数组元素个数:

5

对数组清零后的结果:

0 0 0 0 0 170 897 275 653 426

【例 5 - 10】 编写一个方法,实现矩阵相乘运算。

程序:

```
using System;
class Program
{
    //方法 matrix_multi(): 计算两个矩阵的乘积
    static void matrix_multi(double[] a, double[] b, double[] c, int l, int m, int n)
    {
        int i, j, k;
        for (i = 0; i<l; i++)
            for (j = 0; j<n; j++)
            {
                c[i * n + j] = 0;
                for (k = 0; k<m; k++)
                    c[i * n + j] = c[i * n + j] + a[i * m + k] * b[k * n + j];
            }
    }
    //测试上述矩阵相乘方法的主程序
    static void Main()
    {
        double[] a = new double[20] {
        1.0, 3.0, -2.0, 0.0, 4.0,
        -2.0, -1.0, 5.0, -7.0, 2.0,
        0.0, 8.0, 4.0, 1.0, -5.0,
```

```
            3.0, -3.0, 2.0, -4.0, 1.0
    };
        double[] b = new double[15]     {
        4.0, 5.0, -1.0,
        2.0, -2.0, 6.0,
        7.0, 8.0, 1.0,
        0.0, 3.0, -5.0,
        9.0, 8.0, -6.0
    };
        double[] c = new double[12];
        matrix_multi(a, b, c, 4, 5, 3);
        Console.WriteLine("The result is c = ");
        for (int i = 0; i<4; i++)
        {
            for (int j = 0; j<3; j++)
                Console.Write("{0}   ", c[i * 3 + j]);
            Console.WriteLine();
        }
    }
}
```

输入和输出：

```
The result is c =
 32    15   -9
 43    27   24
 -1   -21   77
 29    33   -5
```

【例 5 - 11】 将表示月份的数值(1～12)转换成对应的英文月份名称。

程序：

```
using System;
class Program
{
    static string[] month = new string[13]{
        "Illegal month","January","February",
        "March","April","May","June","July",
        "August","September","October",
        "November","December"};
    static string month_name(int n)
    {
        return (n >= 1 && n<= 12) ? month[n] : month[0];
```

```
    }
    static int Main()
    {
        int N;
        Console.WriteLine("请输入月份数值:");
        N = Convert.ToInt32(Console.ReadLine());
        Console.WriteLine("{0}月的英文名称是{1}", N, month_name(N));
        return 0;
    }
}
```

输入和输出:

请输入月份数值:

3

3 月的英文名称是 March

【例 5 - 12】 编写一个通用数值积分方法(使用委托)。

程序:

```
using System;
class Program
{
    delegate double fun(double x);
    static double integral(double a, double b, fun f, int n)
    {
        double h = (b - a)/n;
        double sum = (f(a) + f(b))/2;
        for (int i = 1; i<n; i++)
            sum += f(a + i * h);
        sum *= h;
        return sum;
    }
    static int Main()
    {
        double x1, x2;
        Console.WriteLine("请输入积分区间:");
        x1 = Convert.ToDouble(Console.ReadLine());
        x2 = Convert.ToDouble(Console.ReadLine());
        Console.WriteLine("sin(x)结果是" + integral(x1, x2, Math.Sin, 1000));
        Console.WriteLine("cos(x)结果是" + integral(x1, x2, Math.Cos, 1000));
        Console.WriteLine("exp(x)结果是" + integral(x1, x2, Math.Exp, 1000));
        return 0;
```

```
        }
    }
```

输入和输出：

请输入积分区间：

0

1

sin(x)结果是 0.459697655823718

cos(x)结果是 0.841470914685312

exp(x)结果是 1.7182819716492

自学内容

5.9　带有缺省参数的方法

　　C♯允许在方法声明或方法定义中为参数预赋一个或多个缺省值,这样的方法就叫作带有缺省参数的方法。在调用带有缺省参数的方法时,如果为相应参数指定了参数值,则参数将使用该值;否则参数使用其缺省值。例如,某方法的声明为

```
    double func(double x,double y,int n = 1000);
```

则其参数 n 带有缺省参数值。如果以

```
    a = func(b,c)
```

的方式调用该方法,则参数 n 取其缺省值 1000,而如果以

```
    a = func(b,c,2000);
```

的方式调用该方法,则参数 n 的值为 2000。

　　使用带有缺省参数的方法时应注意:

　　(1) 所有的缺省参数均须放在参数表的最后。如果一个方法有两个以上缺省参数,则在调用时可省略从后向前的连续若干个参数值。例如对于方法

```
    void func(int x,int n1 = 1,int n2 = 2);
```

若使用"func(5,4);"的方式调用该方法,则 n1 的值为 4,n2 的值为 2。

　　(2)缺省参数的声明必须出现在方法调用之前。这就是说,如果存在方法原型,则参数的缺省值应在方法原型中指定,否则在方法定义中指定。另外,如果方法原型中已给出了参数的缺省值,则在方法定义中不得重复指定,即使所指定的缺省值完全相同也不行。

5.10　静态方法和静态变量

　　用修饰符 static 声明的字段为静态字段。不管包含该静态字段的类生成多少个对象或根本无对象,该字段都只有一个实例,静态字段不能被撤销。相当于 C++的全局变量。必须采用如下方法引用静态字段:

类名.静态字段名

如果类中定义的字段不使用修饰符 static,该字段为实例字段,每创建该类的一个对象,在对象内创建一个该字段实例,创建它的对象被撤销,该字段对象也被撤销,实例字段采用如下方法引用:

实例名.实例字段名

【例 5-13】　定义 My 类,包括一个静态数据成员和一个静态成员方法,然后在主程序中调用 10 次静态成员方法,观察输出结果。

程序:

```
using System;
class Program
{
    static void Main( )
    {
        for (int i = 0; i<10; i + + )
        {
            Console.Write(My.func() + "\t");
        }
        Console.WriteLine();
    }
}
class My
{
    static int count = 0;
    static public int func()
    {
        return + + count;
    }
}
```

输出:

1　　　2　　　3　　　4　　　5　　　6　　　7　　　8　　　9　　　10

5.11　递归方法

递归是计算机科学中的一个重要概念,递归方法是程序设计中有效的方法,采用递归编写程序能使程序变得简洁和清晰。

数学中关于递归函数的定义:对于某一函数 $f(x)$,其定义域是集合 A,那么若对于 A 集合中的某一个值 x_0,其函数值 $f(x_0)$ 由 $f(f(x_0))$ 决定,那么就称 $f(x)$ 为递归函数。

在程序设计语言中,把直接或间接调用自身的方法称为递归方法。这样的递归方法通常必须满足以下两个条件：

(1) 在每一次调用自己时，必须是(在某种意义上)更接近于解。

(2) 必须有一个终止处理或计算的准则。

下面通过一个例子来说明递归。用递归程序计算一个非负数的阶乘 $n!$，$n!$ 为下列数的乘积：

$$n * (n-1) * (n-2) * \cdots * 1$$

其中 1!等于 1,0!定义为 1，而 5!为 $5 * 4 * 3 * 2 * 1$，即 120。

整数 n 大于或等于 0 时的阶乘可以用下列 for 循环迭代(非递归)计算：

```
fact = 1;
for(int i = n;i> = 1;i--)
    fact = fact * i;
```

通过下列关系可以得到阶乘函数的递归定义：

$$n! = n * (n-1)!$$

例如，$5! = 5 * 4!$，如下所示：

$$5! = 5 * 4 * 3 * 2 * 1$$
$$= 5 * (4 * 3 * 2 * 1)$$
$$= 5 * (4!)$$

求 5!的过程如图 5-1 所示。

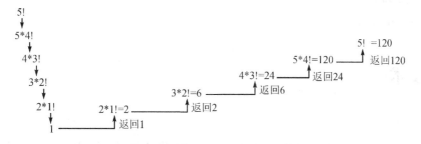

图 5-1 求 5!的过程

图 5-1 显示如何递归调用，直到 1! 值为 1，递归终止。

【例 5-14】 计算并打印 0~10 的整数阶乘。

程序：

```
using System;
public class Program
{
    public static long fac(long n)
    {
        if (n< = 1)
            return 1;
        else
```

```
        return n * fac(n - 1);
    }
    public static void Main()
    {
        for (int = 0;n< = 10;n + +)
            Console.WriteLine("{0}! = {1}",n, fac(n));
    }
}
```

输出:

```
0!  = 1
1!  = 1
2!  = 2
3!  = 6
4!  = 24
5!  = 120
6!  = 720
7!  = 5040
8!  = 40320
9!  = 362880
10!  = 3628800
```

调试技术

5.12   Visual Studio 的跟踪调试功能

调试器是 Visual Studio 中最出色的部件之一,可以帮助用户找到在软件开发中可能遇到的几乎每个错误。

Visual Studio 中的项目可以产生两种可执行代码,分别称为调试版本和发布版本。调试版本是在开发过程中使用的,用于检测程序中的错误;发布版本是最终结果,是面向用户的。调试版本体积较大,而且通常其速度要比发布版本慢。这是因为调试版本中充满了编译器放在目标文件中的符号信息。记录了程序中方法和变量的名字及其在源代码中的位置。通过这些符号信息,调试器可以将源代码的每一行与可执行代码中相应的指令联系起来。

发布版本只包含由编译器优化的可执行代码,没有符号信息。正因为如此,发布版本不能用调试器进行调试。

Visual Studio 默认的配置是调试版本,可通过菜单选项 Build\Set Active Configuration…在

两种版本之间切换。当前配置显示在 Build 工具栏中。

　　如果已设置好了断点,则可通过子菜单 Build\Start Debug 调用调试器。这些调试器分别为:

　　(1) Go(快捷键为 F5):从当前语句开始执行程序,直到遇到一个断点或程序结束。用 Go 命令启动调试器时,从头开始执行程序。

　　(2) Step Into(快捷键为 F11):单步执行每一程序行,遇到方法时进入方法体内单步执行。

　　(3) Run To Cursor(快捷键为 Ctrl+F10):运行程序至当前编辑位置。

上机练习题

1. 编写函数,求两个数的最大公约数。
2. 求出 200~1000 中所有这样的整数,它们的各位数字之和等于 5,其中判断一个数的各位数字之和是否等于 5 的功能应写为一个函数。
3. 编写函数 isprime(int a)用来判断变量 a 是否为素数,若是素数,函数返回 1,否则返回 0。调用该函数找出任意给定的 n 个整数中的素数。
4. 从键盘上输入一个大于 4 的整数,然后将从 4 开始到该数之间的所有整数分解为两个素数之和,显示出每个整数的分解情况,例如:4=2+2,6=3+3,8=3+5 等。
5. 用牛顿迭代法(简称牛顿法)求方程 $2x^3-4x^2+3x-6=0$ 在 1.5 附近的根。

　　提示:牛顿迭代法解非线性方程根的迭代公式为

$$x_{n+1}=x_n-\frac{f(x_n)}{f'(x_n)}$$

　　其中,$f'(x_n)$是 f 在 x_n 处的导数。

6. 编写函数用弦截法求一元非线性方程 $xe^x-1=0$ 在区间[0.5,0.6]中的根。

　　提示:考虑当区间$[x_0,x_1]$足够小,在此区间中方程 $f(x)=0$ 仅有一个单根的情况,如图 5-2 所示。

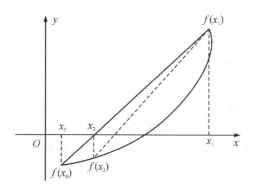

图 5-2　弦截法求方程的解

　　此时如 $f(x_0)$和 $f(x_1)$异号,则可用两点间直线公式求出 x_2:

$$x_2 = x_0 - \frac{x_0 - x_1}{f(x_0) - f(x_1)} f(x_0)$$

然后用 x_2 代入原式求出 $f(x_2)$，判断 $f(x_2)$ 与 $f(x_1)$ 和 $f(x_0)$ 中的哪一个同号，就用 x_2 和 $f(x_2)$ 代替之，即如果 $f(x_2)$ 和 $f(x_0)$ 同号，就用 x_2 和 $f(x_2)$ 代替 x_0 和 $f(x_0)$，反之用 x_2 和 $f(x_2)$ 代替 x_1 和 $f(x_1)$，然后再继续上述过程直至 $|f(x)|$ 小于给定的误差控制值。

7. 编写函数用梯形法计算定积分 $\int_a^b f(x)\mathrm{d}x$ 的值，其中 $a=0, b=1, f(x)=\sin x$。

提示： 将积分区间分成 n 等份，每份的宽度为 $(b-a)/n = h$，，在区间 $[a+ih, a+(i+1)h]$ 上使用梯形的面积近似原函数的积分，则有

$$\int_a^b f(x) = \sum_{i=0}^{n-1} \int_{a+ih}^{a+(i+1)h} f(x) \approx \sum_{i=0}^{n-1} \frac{h}{2}\{f(a+ih) + f[a+(i+1)h]\}$$

$$= h\left[\frac{f(a)+f(b)}{2} + \sum_{i=1}^{n-1} f(a+ih)\right]$$

这就是数值积分的梯形求积公式。n 越大或 h 越小，积分就越精确。本题 n 可以取 1000，或让 h 取一个较小的值。

8. 编写函数打印出以下的杨辉三角形。

```
1
1  1
1  2  1
1  3  3   1
1  4  6   4  1
1  5  10  10  5  1
```
…… ……

提示： 打印杨辉三角形有两种方法如下。

(1) 杨辉三角形表现的是二项式 $(a+b)^n$ 的展开式的系数。例如，$(a+b)^2 = a^2 + 2ab + b^2$，故杨辉三角形的第三行（对应 $n=2$）为

　　　1　2　1

一般地，二项式 $(a+b)^n$ 的展开式为

$$C_n^0 a^n b^0 + C_n^1 a^{n-1} b^1 + \cdots + C_n^m a^{n-m} b^m + \cdots + C_n^n a^0 b^n$$

其中第 m 项 $C_n^m = \dfrac{n!}{m!(n-m)!}$。

(2) 可直接根据杨辉三角形的形式来推出每项的值。由上面的杨辉三角形可以看出，杨辉三角形每行的第一个数和最后一个数均为 1，除第一行外，每行中间的各数等于上一行位于该数左上方和正上方的两数之和，即 $C_{n+1}^m = C_n^m + C_n^{m-1}$。

第6章
类与对象

掌握面向对象的程序设计思想,类与对象的概念,包括类的定义、对象的声明和引用。

授课内容

C♯是一门完全面向对象的程序设计语言,没有存在于类型(类、结构、接口、枚举等)之外的全局变量和全局函数。因此,在C♯程序中,所有的程序逻辑和数据都必须放在一个类型定义中,通常情况下是一个类。

本章主要介绍类的声明、对象的创建以及类的成员:字段、常量、方法、构造函数、析构函数、属性、索引器。

6.1 面向对象的思想

面向对象的程序设计方法是对面向过程的程序设计方法的继承和发展,它吸取了面向过程的程序设计方法的优点,同时又考虑到现实世界与计算机世界间的关系。面向对象的程序设计方法认为,客观世界是由各种各样的实体组成的,这些实体就是面向对象方法中的对象。

一般认为,对象是包含现实世界物体特征的抽象实体,反映了系统为之保存信息和与之交互的能力。每个对象有各自的内部属性和操作方法,整个程序是由一系列相互作用的对象构成的,对象之间的交互通过发送消息来实现。

面向对象的程序设计方法是迄今为止最符合人类认识问题的思维过程的方法。本节进一步介绍这种方法具有的四个基本特征。

1. 抽象(abstract)

抽象就是忽略一个主题中与当前目标无关的那些方面,以便更充分地注意与当前目标有关的方面。抽象并不打算了解全部问题,而只是选择其中的一部分,忽略与主题无关的细节。例如,在设计一个学生成绩管理系统的过程中,考察学生张三这个对象时,我们只关心他的班级、学号、成绩等,而他的身高、体重等信息就可以忽略。抽象是人类认识问题的最基本手段之一。

抽象包括两个方面:一是数据抽象,二是代码抽象。

数据抽象定义了对象的属性和状态,也就是此类对象区别于彼类对象的特征物理量。代码抽象定义某类对象的共同行为特征或具有的共同功能。对一个具体问题进行分析的结果,是通过类来描述和实现的。

2. 封装(encapsulation)

封装是面向对象的特征之一,是对象和类概念的主要特性。

封装有两层含义:其一,封装指将抽象得到的数据成员和代码相结合,形成一个有机的整体,封装将对象所有构件组合在一起,也就是封装定义了对象自身以及程序如何引用对象的数据;其二,封装指对象可以拥有私有成员,将内部细节隐藏起来的一种能力,封装将对象封闭保护起来管理着对象内部状态。

封装保证了类具有较好的独立性,防止外部程序破坏类的内部数据,使得程序维护、修改较为容易。对应用程序的修改仅限于类的内部,因而可以将应用程序修改带来的影响减小到最低限度。在 C# 中,类是封装的基本工具。

3. 继承(inheritance)

继承是一种联结类与类的层次模型。继承允许和鼓励类的重用,提供了一种明确表述共性的方法。

一个新类可以从现有的类中派生,这个过程称为类继承。新类继承了原来类的特性,新类称为原来类的派生类(子类),而原来的类称为新类的基类(父类)。这样,程序员就能通过只对新类与已有类之间的差异进行编码而很快地建立新类。当然也可以对之进行修改或增加新的方法使之更适合特殊的需要。这也体现了大自然中一般与特殊的关系。继承性很好地解决了软件的可重用性问题。

4. 多态性(polymorphism)

多态性是指允许不同类的对象对同一消息作出响应。例如同样的加法,把两个时间加在一起和把两个整数加在一起的内涵肯定完全不同。

多态性是通过函数重载和虚函数等技术来实现的。函数重载就是实现多态性的一种手段。利用多态性,可以在基类和派生类中使用同样函数名,而定义不同的操作,从而实现"一个接口,多种方法",这是一种在运行时出现的多态性,它通过派生类和虚函数来实现。

面向对象程序设计具有许多优点:开发时间短,效率高,可靠性高,所开发的程序更健壮。由于面向对象编程的编码可重用性,可以在应用程序中大量采用成熟的类库,从而缩短开发时间,使应用程序更易于维护、更新和升级。继承和封装使得应用程序的修改带来的影响更加局部化。

6.2   类与对象简介

6.2.1　类的定义

类是 C# 中最重要的概念,它是一种数据结构,将状态(数据成员)与操作(函数成员)封装在一个独立的单元中。

使用类之前需要先声明,而用户之所以能够直接使用 int、string 这些类型,是因为.NET 类库中已经声明了它们。声明一个类使用 class 关键字,其格式如下:

```
[访问修饰符]class 类名
{
    //类的成员定义;
}
```

说明:

(1)在声明格式中,一对方括号"[]"包含的部分表示该部分可以省略。在以后出现的声明格式中也遵循该原则。

(2)访问修饰符可以用来修饰类和类的成员,它指出了类或类的成员是否能够被其他类的代码合法引用,体现了面向对象中的封装思想。它是定义类的可选部分。C♯ 中有 5 种访问修饰符,如表 6-1 所示。

表 6-1　C♯ 的 5 种访问修饰符

访问修饰符	说　明
public	公有访问,不受限制
private	私有访问,只限于本类成员访问,子类、实例都不能访问
protected	保护访问,只限于本类和子类访问,实例不能访问
internal	内部访问,只限于本项目访问,其他不能访问
protected internel	内部保护访问,只限于本项目或子类访问,其他不能访问

在声明一个类时,若省略了访问修饰符,则默认的访问权限是 internal。

(3)类名是 C♯ 中的一个合法标识符。类名最好能够体现类的含义和用途.其第一个字母一般采用大写。

(4)类的成员定义用一对大括号"{}"括起来,通常称之为类的主体。类的主体并不是一定要包括成员的定义,甚至可以声明一个类,不包括任何成员。

6.2.2　方法的定义

类的成员函数的一般形式为:

```
[访问修饰符]返回值类型 方法名称([参数列表])
{
//方法体
}
```

说明:

(1)访问修饰符。5 种访问修饰符中的一种。该项默认访问权限为 private(私有访问)。

(2)返回值类型。方法执行相应操作后返回的值的数据类型。方法的执行不一定要有返回值,但没有返回值并不意味着该项可以省略。如果方法没有返回值,则返回值类型必须为 void。

（3）方法名称。对方法名的声明推荐具有一定的含义，例如 PrintResult 的大意就是打印计算结果，这样其他的开发人员也能够读懂该函数的作用，增加了代码的可读性。

（4）参数列表。在方法定义时，参数列表中的参数称为形参（形式参数）。参数列表用来向方法传递参数。参数列表可以省略，表示方法没有参数，但是一对小括号不能省略。如果包含多个参数，则参数之间用逗号分隔。参数列表声明格式如下：

　　　　数据类型 参数 1，数据类型 参数 2，……，数据类型 参数 n

（5）方法体可以为空，但一对大括号不能缺少。

【例 6 - 1】 定义日期 Date 类，要求编写时间设置 Init 函数和时间输出 Print_ymd 函数。

程序：

```
using System;
class Date
{
    int day = 1, month = 1, year = 1900;
    public void Init(int yy, int mm, int dd)
    {
        month = (mm > = 1 && mm< = 12) ? mm : 1;
        year = (yy > = 1900 && yy< = 2100) ? yy : 1900;
        day = (dd > = 1 && dd< = 31) ? dd : 1;
    }
    public void Init(Date d)
    {
        month = d. month;
        year = d. year;
        day = d. day;
    }
    public void Print_ymd()
    {Console. WriteLine(year + "-" + month + "-" + day); }

}
class Program
{
    static int Main()
    {
        Date date1 = new Date();
        Date date2 = new Date();
        date1. Init(2020, 3, 28);
        date2. Init(date1);
```

```
        Console.Write("date1:");
        date1.Print_ymd();
        Console.Write("date2:");
        date2.Print_ymd();
        return 0;
    }
}
```

输入和输出：

date1：2020 - 3 - 28

date2：2020 - 3 - 28

6.2.3　方法体

方法体是用来描述方法所要执行的语句序列，包含在一对大括号"{}"中。方法体中可以包含变量的定义、控制语句块以及对其他方法的调用。方法体虽然可以为空，但空的方法没什么作用，因此需要根据方法要实现的具体功能添加方法体。

1. 局部变量

在方法体中定义的变量，一般称为局部变量。它用于临时保存方法体中的计算数据。

局部变量的定义格式如下：

　　　数据类型　变量名称[＝初始值]；

值得注意的是，局部变量和实例字段部用来保存数据，但它们之间存在以下区别。

（1）实例字段在定义时，若不使用初始值对其进行初始化，则系统会将默认值赋值给该字段。而对于局部变量，在引用该局部变量之前，必须显式地对其赋值，否则系统会报错："使用了未赋值的局部变量。"

（2）局部变量不能用访问修饰符修饰。

（3）它们的生存周期不同。实例字段的生存周期从实例被创建开始，到实例销毁时结束。而对于局部变量来说，当局部变量所在的语句块执行到其被定义的语句时开始，到所在的语句块执行完成后结束。

2. return 语句

如果方法有返回值，则必须在方法体中使用 return 语句从方法中返回一个值。

return 语句的使用格式如下：

　　　return 表达式；

6.2.4　对象

类是一个抽象的概念。通常情况下，一个类在声明之后并不能直接使用。用户需要创建这个类的对象（通常也称对象为实例，称创建对象的过程为类的实例化），并且声明对这个对象的引用。声明一个对象引用的格式：

　　　类名　对象名；

类是一种引用类型。引用类型变量与值类型变量不同的是：值类型变量中存储的是实际数据,而引用类型变量中存储的是实际数据所在的内存地址。因此上面声明语句中的"对象名"作为一个引用类型变量,存储的并不是实际的对象(数据),而是实际对象在内存中的地址。此时真正的对象并没有被创建,因此"对象名"的值是 null,未指向内存中的任何地址。

C♯中使用关键字 new 来创建一个对象,其声明格式如下:

```
new 类名();
```

由于是引用类型,系统会在托管堆中为该对象分配内存。

一般情况下,同时声明对象引用和创建对象。格式如下:

```
类名 对象名 = new 类名();
```

有了类的对象,就可以访问其内部的成员了,C♯语言中使用运算符"."格式如下:

```
对象名.成员名
```

【例 6-2】 定义一个 Person 类,数据成员有姓名 Name、年龄 Age、性别 Sex,成员函数有输出函数 ShowMe,然后调用主程序验证 Person 类。

程序:

```
using System;
class Person
{
    string Name = "XXX";
    int Age = 0;
    char Sex = 'm';
    public void Register(stringname, int age, char sex)
    {
        Name = name;
        Age = (age > = 0 ? age : 0);
        Sex = (sex = = 'm' ? 'm' : 'f');
    }
    public void ShowMe()
    {
        string str = (Sex = = 'm' ? "男":"女");
        Console.WriteLine("{0} \t {1} \t  {2}", Name, Age, str);
    }
}
class Program
{
    static int Main()
    {
        Person person1 = new Person();
        person1.Register("张三", 19, 'm');
        Console.WriteLine("person1:\t");
```

```
        person1.ShowMe();
        Person person2 = new Person( );
        person2.Register("李四", 18, 'f');
        Console.WriteLine("person2：\t");
        person2.ShowMe();
        return 0;
    }
}
```

输入和输出：

person1：

张三　　　19　　　男

person2：

李四　　　18　　　女

6.3　字段

字段是类最常见的数据成员。字段用来表示在类中定义的与类或对象相关联的变量成员。根据这些字段是跟实例对象相关还是和类相关，可以分为实例字段和静态字段，另外还有只读字段。接下来具体看看这几类字段的声明与用法。

用修饰符 static 声明的字段为静态字段。不管包含该静态字段的类生成多少个对象或根本无对象，该字段都只有一个实例。静态字段不能被撤销。必须采用如下方法引用静态字段：

　　　类名.静态字段名

如果类中定义的字段不使用修饰符 static，则该字段为实例字段。每创建该类的一个对象，在对象内创建一个该字段实例。创建它的对象被撤销。该字段对象也被撤销，实例字段采用如下方法引用：

　　　实例名.实例字段名

用 const 修饰符声明的字段为常量，常量只能在声明中初始化，以后不能再修改。

用 readonly 修饰符声明的字段为只读字段，只读字段是特殊的实例字段，它只能在字段声明中或构造方法中重新赋值，在其他任何地方都不能改变只读字段的值。

【例 6 - 3】　编写一个统计学生课程平均分的程序：输入 5 个学生的学号、姓名和 3 门课程的成绩（整型），统计每个学生 3 门课程的平均分，最后输出统计结果。输出格式：

————————————————————————————

　　　　　学号　姓名　高数　英语　体育　平均分

————————————————————————————

程序：

```
using System;
class Student
{
```

```csharp
        string ID = "0000";        //学号
        string Name = "xxx";        //姓名
        int ScoreMaths = 0;        //数学成绩
        int ScoreEnglish = 0;        //英语成绩
        int ScorePE = 0;        //体育成绩
        public Student(string id, stringname, int x, int y, int z)
        {
            ID = id;
            Name = name;
            ScoreMaths = x;
            ScoreEnglish = y;
            ScorePE = z;
        }
        public int GetGPA()        //课程总分
        {
            return ScoreMaths + ScoreEnglish + ScorePE;
        }
        public void ShowMe()
        {
            Console.Write(ID + "\t" + Name + "\t");
            Console.Write(ScoreMaths + "\t" + ScoreEnglish + "\t" + ScorePE + "\t");
            Console.WriteLine(GetGPA()/3);
        }
    }
class Program
{
    static int Main()
    {
        Student[] xjtuStudent = new Student[5];
        xjtuStudent[0] = new Student("2021","张三", 80,90,100);
        xjtuStudent[1] = new Student("2022","李四", 70, 93, 95);
        xjtuStudent[2] = new Student("2023","王五", 83, 89, 87);
        xjtuStudent[3] = new Student("2024","刘六", 98, 90, 92);
        xjtuStudent[4] = new Student("2025","沈七", 76, 91, 91);
        int i;

        Console.WriteLine("- - - - - - - - - - - - - - - - - - - - - - - -");
        Console.WriteLine("学号\t姓名\t高数\t英语\t体育\t平均分");
        Console.WriteLine("- - - - - - - - - - - - - - - - - - - - - - - -");
```

```
    for (i = 0; i<5; i + +)
    {
        xjtuStudent[i].ShowMe();
    }
    return 0;
    }
}
```

输入和输出：

- -

学号	姓名	高数	英语	体育	平均分
2021	张三	80	90	100	90
2022	李四	70	93	95	86
2023	王五	83	89	87	86
2024	刘六	98	90	92	93
2025	沈七	76	91	91	86

6.4　构造函数与析构函数

有几类特殊的成员函数，它们决定了类的对象如何创建、初始化、复制和撤消。这就是下面要介绍的构造函数和析构函数。

构造函数（Constructor）定义了创建对象的方法，提供了初始化对象的一种简便手段。构造函数的说明格式为：

　　　［访问修饰符］类名（参数列表）
　　　{
　　　　　//构造函数实现代码
　　　}

即构造函数与类同名，且没有返回值类型。构造函数看起来和类中其他的方法很像，但构造函数有以下不同点：

（1）构造函数名称必须与类名相同，并且一个类可以有一个或多个构造函数。若在一个类中设计多个构造函数，由于构造函数的名称都相同，因此需要注意构造函数的重载形式。

（2）构造函数不能有返回值。注意不能有返回值和没有返回值（返回值为 void）的区别。

构造函数可以像普通方法一样声明参数，用来辅助对对象的初始化工作。

与构造函数相对应，析构函数（Destructor）用于撤消一个对象。析构函数的说明格式为：

　　　［访问修饰符］～类名（ ）
　　　{
　　　　　//析构函数实现代码
　　　}

当一个对象的生存期结束时,系统将自动调用析构函数来撤消该对象,返还它所占据的内存空间。

析构函数还具有以下特征:

(1)每个类只能声明一个析构函数。

(2)析构函数没有参数。

(3)析构函数不能有访问修饰符,也不能用 static 关键字修饰。

(4)析构函数不能被显式地调用。它何时被调用是由.NET 的垃圾回收机制所决定的。当确定该实例不被程序的任何位置所使用时,析构函数数被自动调用。

【例 6 - 4】 定义一个 Person 类,数据成员有姓名 Name、年龄 Age、性别 Sex,成员函数有输出函数 ShowMe,要求定义一个带构造函数和析构函数,然后调用主程序验证 Person 类。

程序:

```
using System;
class Person
{
    string Name = "XXX";
    int Age = 0;
    char Sex = 'm';
    public Person(stringname, int age, char sex)    {   //构造函数
        Name = name;
        Age = age;
        Sex = (sex = = 'm' ? 'm' : 'f');
    }
    ~Person() {       //析构函数
        Console.WriteLine("Now destroying the instance of Person");
    }
    public void ShowMe()   {
        string str = (Sex = = 'm' ?"男":"女");
        Console.WriteLine("{0} \t {1} \t  {2}", Name, Age, str);
    }
}
class Program {
    static int Main()     {
        Person person1 = new Person("张三",19,'m');
        Console.WriteLine("person1:\t");
        person1.ShowMe();
        Person person2 = new Person("李四", 18, 'f');
        Console.WriteLine("person2:\t");
        person2.ShowMe();
```

```
        return 0；
    }
}
```

输入和输出：

person1：

张三　　　19　　　男

person2：

李四　　　18　　　女

Now destroying the instance of Person

Now destroying the instance of Person

6.5　this 关键字

this 关键字有两个作用：一是利用 this 表示当前实例，从而引用其成员；二是在声明构造函数时，用来调用自身的构造函数。

1. 用 this 访问实例成员

若形参的名称就和类中声明的字段名称相同，此时就会出现问题，比如使用赋值语句"Name＝Name"进行赋值时，系统将会把这两个 Name 都识别为形参，而不会把赋值表达式左边的 Name 当作字段来处理，这个问题可以使用 this 关键字解决。

this 关键字在类中使用，表示对当前实例的引用。用 this 指代类的当前实例，可以用于区分实例成员与其他同名变量。因为是引用的当前实例，因此 this 只能出现在实例函数成员中，而不能用在静态函数成员中。

以上构造函数可以改为如下形式：

　　this. Name = Name；

由于使用了 this 表示的是类的当前实例对象，目此系统会把"this. Name"中的 Name 识别为实例字段，而赋值表达式右边的 Name 识别为形参，从而消除了歧义。

2. 调用自身构造函数

可以在声明构造函数时，用 this 关键字来调用自身的其他构造函数，一般格式如下：

　　［访问修饰符］类名(参数列表)：this(参数列表)

　　{

　　//构造函数实现代码

　　}

当调用该构造函数时，会首先执行核类中与"this(参数列表)"中参数列表相匹配的构造函数。

【例 6 - 5】 编写程序，演示 this 指针的使用。

程序：

```
using System；
class Point
```

```
{
    int x,y;
    Point(int x, int y) {//构造函数
        this.x = x;
        this.y = y;
    }
    Point(ref Point p){//构造函数
        this.x = p.x;
        this.y = p.y;
    }
    void print()
    {
        Console.WriteLine("[{0}, {1}]", x, y);
    }
    static int Main()
    {
        Point p1 = new Point(12,18);
        Point p2 = new Point (ref p1);
        p2.print();
        return 0;
    }
}
```

输入和输出:

[12, 18]

6.6　类的属性

在类中,可以定义一些能被外部代码读取或者修改的数据成员(使用 public 关键字修饰),这称为类的属性。主要分类有以下几种。

1. 常规属性

C♯语言提供了一种更加简洁的方式——属性,来实现这一功能。可以通过属性来实现对私有字段的访问。属性的定义格式如下:

```
[访问修饰符] 数据类型 属性名
{
[get{//方法体}]
[set{//方法体}]
}
```

属性的声明头部和字段的声明类似,只是由于属性是提供给外部访问该类私有成员的"窗口",因此属性的访问权配一般定义成为公有(public)的。一个属性的内部可以包含一个

get 代码段和一个 set 代码段,称为 get 访问器和 set 访问器。属性中必须至少要包含一种访问器。

　　get 访问器本质上是一个具有属性类型返回值的无参数的方法。在方法体内提供读取相关私有字段的代码。由于需要一个具有属性类型返回值,因此在 get 访问器中一定要用 return 语句返回一个可隐式转换为属性类型的值。当在类外部使用表达式中引用一个属性时,将会自动调用 get 访问器中的代码。

　　set 访问器实质上是一个无返回值、带有一个属性类型参数的方法。在方法体内提供设置相关私有字段的值的代码。与普通方法不同的是,set 访问器没有显式的形参,而是在 set 访问器中隐式包含一个名为 value 的局部变量作为形参,为属性进行赋值的"新值"作为实参传递给形参 value。当在类外部使用表达式给一个属性进行赋值时,将会自动调用 set 访问器中的代码。

　　使用属性除了让代码简洁一些以外,其访问方式也比较特别,虽然属性本质上是方法,但可以像访问字段的方式一样来访问属性:

　　　　对象名.属性名

2. 自动属性

　　在 C♯3.0 中,引用了自动属性,它可以使代码更加简洁。

　　属性访问器只完成最简单的逻辑:简单地返回私有字段的值和将新值赋值给私有字段。例如:

```
get{return 私有字段的值;}      //直接返回私有字段的值
set{私有字段的值 = value;}      //直接将 value 的值赋给私有字段
```

　　使用自动属性时,可以不用声明与属性相关联的字段,另外不用提供属性访问器的方法体,直接用一个分号代替即可。

3. 只读与只写属性

　　在类中的有些字段只能读取它的值,而不能修改。还有些字段可能只能修改而不能进行读取。因此可以在属性中只包含 get 访问器或只包含 set 访问器,从而实现只读属性和只写属性。

　　只读属性非常常见,比如一些由计算得到的数据通常情况下具有只读属性。因为它们的值不能随便设置,只能通过其他字段计算得到,否则就会产生数据不一致的情况。比如通过出生日期计算出年龄、通过圆的半径计算出圆的面积等。

　　自动属性必须同时声明 get 和 set 访问器。若要创建只读自动属性,只能通过在 set 访问器前加 private 关键字修饰来实现。如以下只读自动属性的声明:

```
public string Name{ get; private set; }      //只读自动属性
```

6.7　索引器

　　在 C♯ 程序中,除了这种类似于字段的属性外,还支持访问器接受一个或者多个参数的属性——索引器。比如在类型 string 中就定义了一个索引器,它接受一个 int32 类型的参数 index,允许用户得到一个字符串中处于 index 位置的单个字符。例如:

```
string str = "abcd";
```

表达式 str[0] 就是取出字符串 str 中的第一个字符元素 "a"。这种访问方式非常清楚,也很自然。用户也可以在一个类中声明一个索引器,与属性相同,它也可以包含一个 get 访问器方法和一个 set 访问器方法,但是声明的头部有所不同:

(1)名称要用 this 关键字。

(2)包含参数,并且参数用一对方括号 "[]" 括起来。索引器可以用类似访问数组的语法来访问它,格式如下:

```
对象名[实参];
```

自学内容

6.8　名字空间

在设计类的过程中,不可避免地会出现类名称相同的情况。然而在一个应用程序中出现同名的类(若不使用名字空间)是不允许的,编译器会报错:"名字空间 'XXX' 已经包含了 Person 的定义。"代码如下:

```
class Person{ }
class Person{ }
```

名字空间可以对类进行分组,并给它们分别取一个名称,称为名字空间名称。名字空间名称应该体现名字空间的内容并和其他名字空间名称相区别。可见,名字空间起到了划分类、区分类的作用。

避免类同名是使用名字空间的最重要的原因。同时,如果使用名字空间对众多的类进行合理地划分,则可以极大地提高代码的可读性和可维护性,即使系统中没有同名类。

看看如何用名字空间的思想去类比解决班内同名问题:如果在分班(划分类)时,将两个 Person(类)分别放到不同的班级(名字空间)中,并且分别给班级一个名称(名字空间名称)一班、二班,那么在进行点名(引用类)时,一班的 Person 和二班的 Person 就不会混淆了。

程序开发中,创建和良好地使用名字空间,对开发和维护都是有利的。在.NET 类库中使用关键字 namespace 定义名字空间,语法格式如下:

```
namespace 名字空间名称
{
        //类的声明
}
```

同样,名字空间成员也通过 "." 号访问。

引用类时通过名字空间名称进行限定,比如访问一班的 Person 类的代码如下:

```
ClassRomm1.Person
```

6.9 类的嵌套

一个类的对象可以作为另一个类的数据成员。例如：

```
class Person
{
    string Name = "XXX";
    int Age = 0;
    char Sex = 'm';
    public Person(stringname, int age, char sex)    {   //构造函数
        Name = name;
        Age = age;
        Sex = (sex = = 'm' ? 'm' : 'f');
    }
}
```

如果成员类也是程序员自己定义的，则应将成员类的定义或说明放在另一个类的前面。例如：

```
class Person;
class University
{
    Person President;
    …… ……
};
class Person
{
    …… ……
};
```

6.10 应用程序举例

【例 6 - 6】 定义计数器类 Counter,要求具有以下成员：计数器值,可进行增值计数 inc,可进行减值计数 dec,可设置计数器的值 set,可提供计数值 showme。

程序：

```
using System;
class Counter
{
    int x;
    public Counter(int a)
    {x = a; }
```

```
public void inc()
{x + + ; }
public void dec()
{x - - ; }
public void showme()
{Console.WriteLine("counter:" + x); }
static int Main()
{
    Counter x = new Counter(10);
    x.showme();
    x.inc();
    x.showme();
    x.dec();
    x.showme();
    return 0;
}
}
```

输入和输出:

```
counter:10
counter:11
counter:10
```

【例 6 - 7】 设计一个 Circle(圆)类,其属性有圆心坐标 x 和 y、半径 r。其成员函数为 void Set(int,int,double)和 double Area(),实现并测试这个类。

程序:

```
using System;
class Circle
{
    double x, y, r;
    public Circle(double a, double b, double c)
    {
        SetCircle(a, b, c);
    }
    public void SetCircle(double a, double b, double c)
    {
        x = a;
        y = b;
        r = c;
    }
    public void Print()
```

```
    {
        Console.WriteLine("[" + x + "," + y + "]," + "Radius = " + r);
    }
    static int Main()
    {
        Circle p = new Circle(30, 50, 10);
        Console.Write("Circle p:");
        p.Print();
        return 0;
    }
}
```

输入和输出：

Circle p：[30, 50], Radius = 10

【例6-8】 定义一个盒子 Box 类，要求具有以下成员：可设置盒子形状，可提供盒子体积，可提供盒子表面积。

程序：

```
using System;
class Box{
    double x, y, z;
    public Box(double a, double b, double c)    {
        x = a; y = b; z = c;
    }
    public double Area()    {
        return 2 * (x * y + y * z + x * z);
    }
    public double Volume()    {
        return x * y * z;
    }
    public void Print()    {
        Console.WriteLine("表面积:{0}  体积:{1}", Area(), Volume());
    }
    static int Main()    {
        Box b = new Box(10, 10, 5);
        b.Print();
        return 0;
    }
}
```

输入和输出：

表面积:400 体积:500

【例 6 - 9】 定义一个 Person 类，Person 类有姓名、出生日期、性别 3 个数据成员，并调用主程序测试。出生日期使用系统提供的 DateTime 类。

程序：

```
using System;
class Person  {
    string Name = "XXX";
    DateTime Age = DateTime.Now;
    char Sex = 'm';
    public Person(stringname, DateTime age, char sex)  {
        Name = name;
        Age = age;
        Sex = (sex = = 'm' ? 'm' : 'f');
    }
    ~Person()  {
        Console.WriteLine("Now destroying the instance of Person");
    }
    public void ShowMe()  {
        Console.WriteLine("Name：  {0}", Name);
        Console.WriteLine("Birthday:" + Age.ToShortDateString());
        Console.WriteLine("Sex：{0}", Sex);
    }
}

class Program
{
    static int Main()
    {
        DateTime age = new DateTime(1996, 4, 8, 0, 0, 0);
        Person person1 = new Person("zhangsan", age, 'm');
        Console.WriteLine("person1：");
        person1.ShowMe();
        return 0;
    }
}
```

输入和输出：

```
person1：
Name： zhangsan
Birthday：1996/4/8
Sex：m
```

Now destroying the instance of Person

上机练习题

1. 定义并实现 Dog 类,包含 name、age、sex、weight 等属性以及初始化和显示属性的方法,要求用一般成员函数和构造函数两种方法实现初始化操作。
2. 定义并实现 Circle 类,采用左上角和右下角坐标表示圆,具有计算面积和周长等函数,要求使用构造函数初始化。
3. 定义并实现地址类 Address,包括姓名、所居住的街道地址、城市和邮编等属性以及设置对象数据成员的 SetAddress 函数、显示地址信息的 Display 函数。
4. 定义并实现三维空间的 Point3D 类,包括 x、y、z 三个成员变量,一个计算空间中两个点之间的距离的成员函数,并编写合适的构造函数和析构函数。
5. 定义并实现一个有理数类 Rational,该类包括特征信息有:分子 numberator、分母 denominator 以及构造函数、两个有理数相加函数 RationalAdd、相减函数 RationalSub、相乘函数 RationalMul、相除函数 RationalDiv、以分子/分母形式输出函数 RationalPrint、化简分数函数 Fsd、求最大公约数函数 Gcd,要求对两个类对象进行加、减、乘、除并进行化简输出。
6. 定义并实现一个公民类 Citizen,该类包括的特征信息有:身份证号 id、姓名 name、性别 gender、年龄 age、籍贯 birthplace、家庭住址 familyaddress 等属性以及构造函数、输入公民信息函数 input 以及输出公民信息函数 output,要求能够对该类对象进行初始化、输入和输出操作。
7. 定义并实现 Time 类,包括设置时间,进行时间的加减,按照各种可能的格式输出时间,要求设计多个重载的构造函数。
8. 定义并实现三角形类,其成员变量包括 3 个边长,成员函数包括判断是否合法、计算面积,以及是否构成直角三角形、锐角三角形和钝角三角形等函数。

第7章

继承与多态

学习目标

掌握 C♯ 中如何从基类派生出新类,派生类对基类成员的访问控制问题,派生类的构造和析构函数。

授课内容

继承是面向对象程序设计语言的基本特性之一。继承是用来表达基类(base class)与派生类(derived class)之间特定关系的一种机制,该机制自动地为派生类提供来自基类的操作和数据。这样,程序员就能通过只对派生类与基类之间的差异进行编码从而很快地建立新类。

7.1 继承与派生

7.1.1 为什么使用继承

继承这一概念源于分类概念。首先观察图 7-1 所示的分类树。

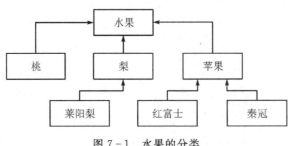

图 7-1　水果的分类

在图 7-1 中,最高层为一般化概念,其下面的每一层都比其上的各层更具体。一旦在分类中定义了一个特征,则由该分类细分而成的下层类目均自动含有该类特征。例如,一旦确定某物为红富士苹果,则可以确定它具有苹果的所有特性,当然也是水果。这种层次结构也可用"is－a"关系表达,即如某物为红富士苹果,则其必是一个(is a)苹果,也是一个水果。

在这个结构中,由上到下,是一个具体化、特殊化的过程;由下到上,是一个抽象化的过程。上下层之间的关系就可以看作是基类与派生类的关系。如果类支持继承性,则可以首先声明一个水果类,再声明苹果类或梨类,它们都是在继承了水果类的属性和方法的基础上建立的,可以省去重复定义成员的繁琐,实现代码的重用,进而提高代码的易维护性。

7.1.2　派生类的定义

在声明类继承时,在派生类名称后放置一个冒号,然后在冒号后指定要继承的基类的名称。从基类得到派生类的语法格式如下:

```
class 派生类:基类
{
//派生类的成员
}
```

说明:

(1)在 C♯程序中,只支持单继承,也就是说一个类最多只能从一个基类直接派生。

(2)通过继承,派生类可以获取基类中除构造函数和析构函数之外的所有成员。基类的 public、internal、protected、internal protected 的类型的成员将成为派生类的 public、internal、protected、internal protected 类型的成员。事实上,基类的 private 成员也被继承下来成为派生类的 private 成员,只不过在派生类中不能被访问。

(3)在派生类中也可以声明新的数据成员和函数成员,但不能移除从父类继承得到的成员。因此派生类中的成员包含两部分:从基类继承下来的所有非私有成员以及新声明的成员。

(4)在实现继承时,基类的访问权限不能小于派生类。如基类的访问权限是 internal,而派生类的访问权限是 public,这种声明方式是错误的。

7.1.3　访问继承的成员

通过继承,派生类中的成员包含两部分:从基类继承下来的所有成员以及新声明的成员。除了从基类继承得到的私有成员外,其他成员的访问方式与之前讲到的方法相同:静态成员通过类名访问,实例成员通过对象引用访问。

7.1.4　Object 类

Object 类是一个比较特殊的类。除了 Object 类之外,其他的所有类都最终继承于 Object 类,它是 C♯程序中类层次结构的根。假如声明一个类时,没有显式指定是派生于哪一个基类,那么编译器会让此类隐式地派生于 Object 类。例如:

```
class Person:System.Object { }   //显式继承于 Object 类
class Person { }                 //隐式派生于 Object 类
```

第一种方式采用继承的语法格式显式地继承了 Object 类;第二种方式没有显式继承某一个类,那么编译器会让此类隐式派生于 Object 类。以上两种声明方式是等价的。

因为所有的类都最终继承于 Object 类,因此 Object 类提供了一些有关类的最基础的方法,使其他的类都可以继承使用这些方法,而不用重复定义。

7.2　派生类的构造函数

派生类的成员包含两个部分:从基类继承来的成员和派生类中新声明的成员,用户可以声明派生类的构造函数来初始化新声明的数据成员,而在初始化从基类中继承的数据成员时,由于派生类无法继承得到基类的构造函数,因此需要调用基类构造函数。

1. 基类默认构造函数的隐式调用

当创建派生类的实例时,会自动调用基类的默认构造函数。

(1)当创建派生类的对象时,系统会首先初始化派生类中的实例成员,然后调用基类的默认构造函数,最后再调用自身的构造函数。

(2)由于在自动调用基类构造函数时,是调用的默认的构造函数,若基类中不存在默认的构造函数,则编译器会报错。

2. 基类构造函数的显式调用

在一个派生类中的构造函数可以显式地调用基类的构造函数,这对于调用基类中带参数的构造函数非常有用。由于一个类中的构造函数通过方法的重载可以有多个,若要调用基类中带参数的构造函数,则需要用到 base 关键字和参数列表指明使用基类中哪一个构造函数。调用格式如下:

```
派生类构造函数声明：base(参数声明)
{
    //方法体
}
```

根据 base 关键字后的参数列表决定调用基类中哪一个具体的重载构造函数。

【例 7 - 1】 定义一个基类(Person)及其派生类(Student)。

程序:

```csharp
using System;
class Person
{
    string Name;
    char Sex;
    int Age;
    public Person(string name, int age, char sex)
    {
        Name = name;
        Age = age;
        Sex = (sex = = ´m´ ? ´m´ : ´f´);
    }
    public void ShowMe()
```

```
    {
        Console.WriteLine("姓名:{0}   年龄:{1}   性别:{2}",Name, Age, Sex);
    }
}
class Student : Person
{
    string Number;
    string ClassName;
    public Student(string classname, string number, string name, int age, char
                sex):base(name, age, sex)
    {
        ClassName = classname;
        Number = number;
    }
    public void ShowStu()
    {
        Console.Write("学号:{0}   班级:{1}   ", Number, ClassName );
        base.ShowMe();
    }
};
class Program
{
    static int Main()
    {
        Student stu = new Student("计算机","071011","张弓长", 18, 'm');
        stu.ShowStu();
        stu.ShowMe();
        return 0;
    }
}
```

输入和输出:

学号:071011　班级:计算机　姓名:张弓长　年龄:18　性别:m

姓名:张弓长　年龄:18　性别:m

7.3　隐藏与重写

　　一旦通过继承,派生类就得到了基类的所有成员,但并不是所有继承得到的成员都是适合派生类的。

7.3.1　隐藏基类的成员

使用隐藏,除了能够隐藏基类的函数成员外,还可以隐藏基类的数据成员。规则如下:

(1)隐藏继承得到的数据成员:声明一个相同类型的数据成员,并使用相同的名称。

```
class BaseClass
{
    string Name = "基类字段";
}
class DerivedClass:BaseClass
{
    //通过定义该字段(与基类中的成员同名同类型),继承得到的基类字段被隐藏
    public string Name = "派生类字段";
}
```

(2)隐藏继承得到的函数成员:声明一个带有相同签名(名称和参数列麦)的函数成员。

通过上面的两种做法确实能够隐藏基类的成员,但是编译器会给出一个警告:"×××隐藏了继承的成员×××。如果是有意隐藏,请使用关键字 new。"因此如果要显式地隐藏继承的基类成员,需要使用 new 修饰符来修饰要隐藏的成员。

派生类中新声明的成员与被隐藏的基类成员具有相同的名称,但同名的两个成员之间是互不相关的,只不过是名字相同而已。当用派生类的对象访问该成员时,访问的就是新声明的成员,而不是基类的成员,因为基类成员在派生类中已经被隐藏起来了(对派生类对象引用不可见)。

7.3.2　访问基类的成员

通过修饰符 new 可以将继承的基类成员隐藏。但有时需要在派生类中访问被隐藏的基类成员,可以使用 base 关键字。base 关键字表示当前类的这类实例。使用格式如下:

　　base.实例成员名称

由于 base 指代的是实例,因此和 this 关键字一样,它只能引用实例成员而不能引用静态成员。

7.3.3　重写基类的成员

为了使同一行为在子类中的表现不同,用户还可以将该行为声明成为虚方法,然后在子类中去重写它。

1.虚方法

若一个实例方法的声明中含有 virtual 修饰符,则称该方法为虚方法。基类中的虚方法能在派生类中被重写。声明一个虚方法与普通方法的区别仅在于虚方法使用 virtual 关键字修饰,声明格式如下:

　　访问修饰符　virtual 返回值类型 方法名称(参数列表)

比如声明一个虚方法:

```
public virtual void ShowMe (){ }
```

说明：

(1)访问修饰符不能使用 private。因为声明虚方法的目的是为了在派生类中去重写它，如将它声明为 private 的，那么在派生类中访问不到该方法，也就不能重写该方法。

(2)虚方法不能是静态方法，只能是实例方法。

(3)除了声明虚方法外，还可以用 virtual 修饰属性、索引器。这些虚拟成员都可以在派生类中重写，可以使同一种行为在派生类中的表现各不相同。

2. 重写虚方法

在派生类中可以重写从基类继承的虚方法，重写虚方法要使用 override 修饰符。在派生类中重写虚方法，可以使同一种行为在派生类中的表现形式各不相同。

【例 7 - 2】　重写从 Point 类继承的 Circle 类。

程序：

```
using System;
class Point
{
    int x, y;
    public Point(int a, int b)
    {
        SetPoint(a, b);
    }
    public void SetPoint(int a, int b)
    {
        x = a; y = b;
    }
    public int GetX() { return x; }
    public int GetY() { return y; }
    public void Print()
    {
        Console.Write("Center = [" + x + "," + y + "]");
    }
}
class Circle : Point
{
    double radius;
    public Circle(int a, int b, double r) : base(a, b) { SetRadius(r); }
    public void SetRadius(double r) { radius = (r > = 0 ? r : 0); }
    public double GetRadius() { return radius; }
    public double Area() { return 3.14159 * radius * radius; }
    new public void Print()
```

```
        {
            base.Print();
            Console.WriteLine("; Radius = " + radius + "; Area = " + Area());
        }
    }
class Program
    {
        static int Main()
        {
            Point p = new Point(30, 50);
            Circle c = new Circle(120, 80, 10.0);
            Console.WriteLine("Point p:");
            p.Print();
            Console.WriteLine("\n\nCircle c:");
            c.Print();
            return 0;
        }
    }
```

输入和输出：

Point p：
Center = [30, 50]

Circle c：
Center = [120, 80]；Radius = 10；Area = 314.159

7.4　引用类型转换

7.4.1　派生类与基类

任何派生类都可以隐式地转换为基类。通过继承，派生类的实例成员由两部分组成：继承得到的基类成员以及派生类中新的成员。将派生类通过赋值给基类，基类可以得到它全部的成员信息（包括私有成员），因此可以进行安全的类型转换。假设 Person 类派生出 Student 类，以下的语句是正确的：

Student s = new Student();

Person p = s;

而将一个基类转换为派生类则需要进行显式转换，转换的方式如下：

（派生类）基类对象

但派生类中可能会含有基类中没有定义的成员，因此这种转换通常会造成派生类信息的丢失，所以说这样的转换是不安全的（就算派生类中未定义新的成员也是如此）。一个显式的强制转换会迫使编译器接受从基类到派生类的不安全转换,这样的转换虽然不会提示编译时错误,但在运行时可能会抛出一个异常 InvalidCastException,如以下代码所示:

```
Person p = new Personr();
Student s = (Student)p;
```

但如果该基类本身就引用一个派生类的对象,则不会出现异常。如以下代码所示:

```
Student s = new Student();
Person p = s;
Student s1 = (Student)p;
```

在上面的代码中,通过语句"Person p=s;"使基类对象 p 本身就引用了派生类的对象 s,因此再通过语句"Student s1=(Student)p;"将其转化成为派生类对象时不会出现异常。

7.4.2 is 运算符

当把一种类型转换成为另一种类型时,有可能会失败,抛出一个 InvalidCastException 异常,比如试图将一个基类转换成它的派生类。虽然它不是一个错误,但用户仍希望避免这种情况的发生。能否在进行类型转换之前先检查一下是否能够安全地转换呢? 答案就是使用 is 运算符。语法格式如下:

```
对象 is 目标类型
```

is 运算符用来检查对象是否与给定类型兼容。如果所提供的对象可以强制转换为所提供的类型而不会导致异常,则 is 表达式的计算结果将是 true,否则为 false。

7.4.3 as 运算符

as 运算符用于在兼容的引用类型之间执行转换,as 运算符类似于强制转换操作。但是,如果无法进行转换,则 as 返回 null 而非引发异常,如果能转换则返回转换结果。注意,as 运算符执行引用转换和装箱转换,as 运算符无法执行其他转换。语法格式如下:

```
对象 as 目标类型
```

它等效于以下语句:

```
if(对象 is 目标类型)
    对象 = (目标类型)对象
else
    对象 = null;
```

7.5 多态

7.5.1 方法绑定

和虚方法相对的是非虚方法,是指没有使用 virtual 修饰符号修饰的方法。对于实例方法的调用无论是虚方法还是非虚方法,都是通过"对象名.方法名"这样的调用方式实现。绑定则是指在对象与实际调用的方法之间建立调用关系。

通过类型转换,一个基类型的对象引用可以指向其任意的派生类型对象。因此,调用方式"对象名.方法名"中的"对象"所绑定的"方法"就要由该"对象"实际引用的对象类型所决定。

非虚方法和虚方法的本质区别在于实际调用方法的绑定上。对于非虚方法,在编译阶段既能够确立调用关系,称之为"静态绑定";而虚方法在运行阶段才能够确立调用关系,称之为"动态绑定"。

(1)静态绑定。静态绑定也称为编译时绑定,即在编译期间将函数与对象绑定。

(2)动态绑定。动态绑定,也称为运行时绑定。对于虚方法,由于是动态绑定,它在调用时绑定的方法取决于"对象名.方法名"中的对象名的运行时类型。在实际的绑定过程中,如果对象的实际类型是基类型,那么该对象就绑定调用的是基类中的虚方法;如果对象的实际类型是派生类型,那么对象就绑定的就是派生类中的重写方法。

(3)隐藏与重写。如果从基类继承得到的成员在派生类中需要重写,定义新的实现方式的话,则可以使用隐藏或重写。既然两种方式都可以实现,那么它们有什么区别呢?其实在之前的内容中已经体现出隐藏与重写的区别,主要体现在用基类引用调用方法时的绑定方式不同。

静态绑定:当使用基类引用 b 调用方法时,无论该基类引用指向的是基类对象还是派生类对象,它都调用的是基类中的方法。因为基类中的方法只是在派生类中被隐藏,对派生类来说对象不可见而已。

动态绑定:当基类引用 b 指向基类对象时,调用的是基类中的方法。但当基类引用 b 指向派生类对象时,由于方法已经在派生类中被重写,因此调用的是派生类中的方法。

7.5.2　多态的实现

继承的一个好处在于可以实现代码的复用——在现有类的基础上用较少的代码创建一个或多个新的类,而另一个好处就在于可以实现多态。

多态通常被理解为:作用在同一对象上的同一方法却具有不同的执行结果。通过前面的章节已经知道,由于存在继承关系,基类对象在运行时可以是多种类型:基类型、任何直接或间接的派生类型。那么用该基类对象去调用同一方法,通过动态绑定,则有可能产生不同的执行结果,这就是多态。

多态的实现方式有多种:

(1)继承实现多态,通过派生类重载基类中的虚方法可以实现多态。

(2)抽象类实现多态。

(3)接口实现多态。

由此可以得出实现多态的两个条件:

(1)具有一组相关(可以进行安全的类型转换)的类。实现方式有继承、实现抽象类和实现接口。

(2)相同签名的方法在这相关类中具有不同的实现方式。实现方式有方法重写、实现抽象方法、实现接口方法。

注意:通过隐藏与重写的区别可以得出,在派生类中隐藏方法不能实现继承式多态。因为它不能实现同一对象调用相同方法而产生不同的结果。

【例 7 - 3】　静态绑定,派生类中重载基类的方法。

程序:

```
using System;
class Pet//基类
{
    public void Speak()
    {
        Console.WriteLine("How does a pet speak ?");
    }
}
class Cat : Pet//派生类
{
    new public void Speak()
    {
        Console.WriteLine("miao! miao!");
    }
}
class Dog : Pet//派生类
{
    new public void Speak()
    {
        Console.WriteLine("wang! wang!");
    }
}
class Program
{
    static int Main()
    {
        Pet p1 = new Pet();
        Dog dog1 = new Dog();
        Cat cat1 = new Cat();
        p1 = dog1;
        p1.Speak();
        p1 = cat1;
        p1.Speak();
        return 0;
    }
```

```
}
```

输入和输出:

How does a pet speak?

How does a pet speak?

【例 7 - 4】 动态绑定,派生类中重写基类的方法。定义一个宠物 Pet 类,验证用虚函数实现多态性。

程序:

```
using System;
class Pet//基类
{
    public virtual void Speak()
    {
        Console.WriteLine("How does a pet speak ?");
    }
}
class Cat : Pet//派生类
{
    public override void Speak()
    {
        Console.WriteLine("miao! miao!");
    }
}
class Dog : Pet//派生类
{
    public override void Speak()
    {
        Console.WriteLine("wang! wang!");
    }
}
class Program
{
    static int Main()
    {
        Dog dog1 = new Dog();
        Cat cat1 = new Cat();
        Pet p1 = new Pet() ;
        p1 = dog1;
        p1.Speak();
        p1 = cat1;
```

```
        p1.Speak();
        return 0;
    }
}
```

输入和输出：

wang! wang!

miao! miao!

7.6　抽象类

7.6.1　抽象类

　　抽象类是指一个抽象的概念，面向对象的应用程序就是对现实世界的建模，而现实世界本身就有各种各样抽象的概念。如"动物"这一概念，当我们想到动物时，可能想到猫、狗等，但无法将"动物"与其中一种动物画上等号，因此说"动物"是一个抽象的概念。抽象类就是用来描述这种类型的数据的。

　　在 C♯ 中，可以在类的声明时使用 abstract 关键字修饰一个类，表明这个类是一个抽象类，它只能作为其他类的基类，它就是设计被用来继承的类。一定要注意：抽象类不能够实例化，正如我们无法从"动物"这一概念得到一个具体动物。声明一个抽象类的格式如下：

```
［访问修饰符］abstract class 类名
{
    //类的成员
}
```

例如：

```
public abstract class Animal
{
    //类的成员
}
```

以下的语句是错误的，因为抽象类只用于继承用途，而不能实例化。

```
Animal a = new Animal();
```

7.6.2　抽象方法

　　类的方法（还包括属性、索引器）也可以是抽象的。这个概念也比较容易理解，比如动物类 Animal 中要定义一个移动的方法 Move，由于无法和具体的动物联系在一起，也就意味着用户不知道这个动物 Move 的行为是爬行、飞翔或者是游动。因此 Move 方法就应该是一个抽象的方法。定义一个抽象的方法也是用 abstract 关键字修饰。声明格式如下：

　　　　［访问修饰符］abstract　返回值类型　方法名称（［参数列表］）；

　　这里有几点需要说明：

　　(1)抽象方法不能有实现代码，只有方法的声明部分，在声明结束后要使用分号作为结

尾。因为用户无法得知一个抽象的行为具体是如何实现,所以也无法写出实现代码。例如:

　　　public abstract void Move();

　　(2)一个类一旦包含抽象方法,那么该类就必须声明成为抽象类,因为一个类具有抽象的行为,就意味着这个类具有抽象的概念,无法将这个类具体化。但一个抽象类并不一定非要包含抽象方法。

　　(3)静态成员不能是抽象的。

　　(4)抽象方法类似于虚方法,或者说是隐式的虚方法。除了修饰的关键字不同外,最大的区别在于虚方法可以有实现的具体代码。但抽象方法和虚方法一样,都可以在其派生类中用 override 关键字来重写。也正是由于这个原因,就有了多态的第二种实现方式。

　　【例 7-5】　定义一个抽象宠物 Pet 类,然后分别派生出猫类 Cat 和狗类 Dog。验证用抽象类实现的多态性。

　　程序:

```
using System;
abstract class Pet
{
    protected int Age;
    protected string Name;
    protected string Color;
    protected string Type;
    public Pet(stringname, int age, string color)
    {
        Name = name;
        Age = age;
        Color = color;
        Type = "pet";
    }
    public abstract void Speak();
    public abstract void GetInfo();
}
class Cat : Pet
{
    public Cat(stringname, int age, string color)
        :base(name, age, color)
    { }
    public override void Speak()
    {
        Console.WriteLine("Sound of speak : miao! miao!");
    }
    public override void GetInfo()
```

```
        {
            Console.WriteLine("The cat´sname :" + Name);
            Console.WriteLine("The cat´s age   :" + Age);
            Console.WriteLine("The cat´s color:" + Color);
        }
}
class Dog : Pet
{
    public Dog(stringname, int age, string color)
        :base(name, age, color)
    { }
    public override void Speak() {
        Console.WriteLine("Sound of speak : wang! wang!");
    }
    public override void GetInfo()
    {
        Console.WriteLine("The dog´sname :" + Name);
        Console.WriteLine("The dog´s age   :" + Age);
        Console.WriteLine("The dog´s color:" + Color);
    }
}
class Program
{
    static int Main()
    {
        Pet p1 = new Cat("MiKey", 1,"Blue");
        p1.GetInfo();
        p1.Speak();
        Pet p2 = new Dog("BenBen", 2,"Black");
        p2.GetInfo();
        p2.Speak();
        return 0;
    }
}
```

输入和输出：

The cat's name : MiKey

The cat's age   : 1

The cat's color: Blue

Sound of speak : miao! miao!

The dog's name：BenBen

The dog's age　：2

The dog's color：Black

Sound of speak：wang! wang!

7.7　接口

所谓接口就是指一种规范和标准，它能够约束类的行为。接口可以被继承(也可叫实现)，在接口内部定义一些行为规范，让其他的类能够继承该接口，从而使得其他类有共同的行为规范。

接口的概念最早是从计算机硬件上引申过来的。可以联想计算机中的 USB 接口：USB 是一个外部总线标准，用于规范计算机与外部设备的连接和通信。USB 接口支持设备的即插即用和热插拔功能。而现在市面上有很多移动设备都实现了该接口的功能，能够在计算机上正常地工作，比如常用的 U 盘、鼠标、键盘以及现在有很多 USB 接口的小风扇、小台灯等。用户在购置或使用这些设备的时候，不需要去关心这些设备是哪个厂家生产的，也不用问是国产的还是进口的，只要这些新的设备符合已制定的 USB 通信标准，它们就能够很好地在此规范下工作。这就是接口的作用所在。

同样地，在面向对象程序设计的领域，用户也可以通过接口定义其他类应该遵守的标准，然后让其他的类实现该接口。只要符合接口中定义的规范，这个类就可以正常工作。

7.7.1　声明接口

声明接口需使用 interface 关键字，声明格式如下：

　　[访问修饰符] interface 接口名称

　　{

　　　　//接口成员

　　}

说明：

(1)接口成员不能是数据成员，只能是方法、属性、索引器或事件。因为接口就是为了制定类的行为标准。

(2)接口的这些函数成员不能包含具体的实现代码。只是给出方法的声明，而在声明结束后用分号作为结尾。接口只是"告诉"其他的类必须要实现的行为方法。

(3)接口的成员在声明时不允许用任何访问修饰符修饰，隐式是 public 的。因为接口中的成员就是要"公布"给外界，让其他的类知道；为了防止意外使用访问修饰符让成员不可见，因此规定不能使用访问修饰符，就连 public 也不可以，编译器台报错"修饰符 public 对该项无效"。

(4)在对接口进行命名时，建议使用大写字母 I 开头，但这不是必须的。

(5)接口不能用 new 关键字实例化。

7.7.2　实现接口

一个类要实现一个现有接口,首先需要在类的声明部分用冒号标识,就像继承一个基类一样,其次需要实现该接口中的所有方法,但注意在这里实现方法并不是指用 override 重写。格式如下:

[访问修饰符] class 类名:接口名称
{
　　//类的成员
}

7.7.3　实现多个接口

在 C♯ 程序中,一个类可以实现多个接口。要实现的多个接口只要用逗号作为间隔就可以了。格式如下:

[访问修饰符] class 类名:接口 1 名称,接口 2 名称,接口 3 名称,……
{
　　//类的成员
}

值得注意的是,如果一个类同时继承于一个类,又实现了接口,则必须在类的声明部分将基类名称放在接口名称的前面。格式如下:

[访问修饰符] class 类名:基类名称,接口 1 名称,接口 2 名称,接口 3 名称,……
{
　　//类的成员
}

7.7.4　接口实现多态

因为接口中并没有方法的实现代码,方法的具体实现还是要在实现这些接口的类中去编写,并没有让编码的工作量减轻,反而为声明接口增加了写代码的工作量。然而接口可以在行使“标准化”类的行为的同时,实现多态。

类在实现接口时,在冒号后面加上接口的名称,这样看起来与派生类继承于基类的方式相同。实际上,实现接口有时也称作接口继承。一个类通过实现接口,可以将该类的对象安全地转换成为接口类型的引用。而当用一个接口类型的引用去调用它的方法时,也是方法的动态绑定,可以实现多态。

7.7.5　显式实现接口

当一个类实现多个接口时,如果两个或多个接口之间有相同签名和返回值的方法,只需要实现一次,就能够满足这些接口的需要。如果希望为这些接口的相同方法创建不同的实现方式就需要创建接口的显式实现。

显式实现接口成员时,需要在类中指明该方法是哪个接口中的方法,用“接口名.方法名”的方式明确指出。

【例 7 - 6】 定义一个宠物 Pet 类接口,然后分别派生出猫类 Cat 和狗类 Dog。

程序:

```
using System;
interface Pet
{
    void Speak();
    void ShowMe();
}
class Cat : Pet
{
    public void Speak()
    {Console.WriteLine("miao! miao!"); }
    public void ShowMe()
    {
        Console.Write("我的声音:");
        Speak();
    }
}
class Dog : Pet
{
    public void Speak()
    {Console.WriteLine("wang! wang!"); }
    public void ShowMe()
    {
        Console.Write("我的声音:");
        Speak();
    }
}
class Program
{
    static void Main()
    {
        Cat cat1 = new Cat();
        Dog dog1 = new Dog();
        cat1.ShowMe();
        dog1.ShowMe();
    }
}
```

输入和输出：

我的声音:miao! miao!

我的声音:wang! wang!

自学内容

7.8　静态类和密封类

7.8.1　静态类

可以声明为 static 的类,被称为静态类。静态类可以用来创建那些无须创建类的实例就能够访问的数据和函数。如果一个类的成员独立于实例对象,无论对象发生什么更改,这些数据和函数都不会随之变化,这种情况下就可以使用静态类。这种类在声明时将关键字 static 置于关键字 class 的前面:

```
[访问修饰符] static class 类名
{
    //类成员定义
}
```

说明:

(1)不能使用 new 关键字创建静态类的实例。

(2)静态类是密封的,因此不可被继承。

(3)类的所有成员都必须是静态的,包括构造函数。

使用静态类作为不与特定对象关联的方法的组织单元。此外,静态类能够使成员的访问更简单、迅速,因为不必创建对象就能调用其方法。以一种有意义的方式组织类内部的方法(例如 System 命名空间中的 Math 类和 Environment 类的方法)是很有用的。

Math 类和 Environment 类的声明如下:

```
public static class Math；
public static class Environment；
```

Math 类为三角函数、对数函数和其他通用数学函数提供常数和静态方法,比如求正弦函数 Sin()和求余弦函数 Cos()等,而类 Environment 提供了有关当前环境和平台的信息以及操作它们的方法,比如属性 UserName 用来获取当前登录到 Windows 操作系统的人员的用户名等。对于这两个类中的成员,没有必要去初始化一个实例然后再去引用,因此可以将类和成员都声明成为静态的。

注意:当引用静态类的成员时,一定是用类名直接引用的。用户不能也根本无法创建一个静态类的实例,而去用实例引用静态类的成员。

7.8.2　密封类

抽象类中包含抽象成员,不能对抽象类进行实例化,而设计抽象类就是让它被继承。然而在 C# 程序中还有一种类被设计成不能被任何类继承。这种类在声明时将关键字 sealed 置于关键字 class 的前面,被称为密封类。例如:

　　　　[访问修饰符] sealed class 类名

　　　　{

　　　　　　//类成员定义

　　　　}

　　密封类不能用作基类,因此它也不能是抽象类。密封类主要用于防止派生。

　　如果试图对密封类进行派生的话将会出现编译错误:"A:无法从密封类型 Sealed Class 派生"。如以下代码所示:

　　　　public class A:SealedClass

　　　　{

　　　　　　//类成员定义

　　　　}

7.9　应用程序举例

【例 7 - 7】　定义一个基类(Person)及其派生类(Teacher)。

程序:

```
using System;
class Person
{
    string Name;
    char Sex;
    int Age;
    public Person(string name, int age, char sex)
    {
        Name = name;
        Age = age;
        Sex = (sex = = ′m′ ? ′m′ : ′f′);
    }
    public void ShowMe()
    {
        Console.WriteLine("　姓　　名:" + Name);
        Console.WriteLine("　性　　别:" + (Sex = = ′m′ ? "男" : "女"));
        Console.WriteLine("　年　　龄:" + Age);
    }
}
class Teacher : Person
{
```

```
        string Dept；
        int Salary；

        public Teacher(string name, int age, char sex, string dept, int salary)
            :base(name, age, sex)
        {
            Dept = dept；
            Salary = salary；
        }
        new public void ShowMe()
        {
            base.ShowMe()；
            Console.WriteLine("　工作单位:" + Dept)；
            Console.WriteLine("　月　　薪:" + Salary + "\n")；
        }
    }
    class Program
    {
        static int Main()
        {
            Teacher emp1 = new Teacher("章立早", 38, 'm', "电信学部", 15000)；
            emp1.ShowMe()；
            return 0；
        }
    }
```

输入和输出:

姓　　名:章立早

性　　别:男

年　　龄:38

工作单位:电信学部

月　　薪:15000

【**例 7 - 8**】　定义一个抽象宠物 Pet 类,然后分别派生出猫类 Cat 和狗类 Dog。验证 Pet
类的调用关系。

程序:

```
using System；
abstract class Pet
{
    public abstract void Speak()；
    public void ShowMe()
```

```
        {
            Console.Write("我的声音:");
            Speak();
        }
    }
class Cat : Pet
{
    public override void Speak()
    {Console.WriteLine("miao! miao!"); }
}
class Dog : Pet
{
    public override void Speak()
    {Console.WriteLine("wang! wang!"); }
}
class Program
{
    static void Main()
    {
        Cat cat1 = new Cat();
        Dog dog1 = new Dog();
        cat1.ShowMe();
        dog1.ShowMe();
    }
}
```

输入和输出:

我的声音:miao! miao!

我的声音:wang! wang!

【例 7－9】 定义一个复数类,并重载加法运算符以适应对复数运算的要求。

程序:

```
using System;
class Complex
{
    double real = 0, imag = 0;
    public Complex(double r, double i)
    {
        real = r;
        imag = i;
    }
```

```
        public double Real() { return real; }
        public double Imag() { return imag; }
        public static Complex operator + (Complex c1, Complex c2)
        {
            Complex temp = new Complex(0, 0);
            temp.real = c1.real + c2.real;
            temp.imag = c1.imag + c2.imag;
            return temp;
        }
        public static Complex operator + (Complex c1, double d)
        {
            Complex temp = new Complex(0, 0);
            temp.real = c1.real + d;
            temp.imag = c1.imag;
            return temp;
        }
}
class Program
{
    static int Main()
    {
        Complex c1 = new Complex(3, 4);
        Complex c2 = new Complex(5, 6);
        Complex c3 = new Complex(0, 0);
        Console.WriteLine("c1 = " + c1.Real() + " + j" + c1.Imag());
        Console.WriteLine("c2 = " + c2.Real() + " + j" + c2.Imag());
        c3 = c1 + c2;
        Console.WriteLine("c3 = " + c3.Real() + " + j" + c3.Imag());
        c3 = c3 + 6.5;
        Console.WriteLine("c3 + 6.5 = " + c3.Real() + " + j" + c3.Imag());
        return 0;
    }
}
```

输入和输出:

c1 = 3 + j4

c2 = 5 + j6

c3 = 8 + j10

c3 + 6.5 = 14.5 + j10

上机练习题

1. 设计一个点类 Point 和其派生类彩色点类 ColorPoint。

2. 设计一个 Person 类和其派生类教师 Teacher,新增的属性有专业 Major、职称 Title 和主讲课程 Course,并为这些属性定义相应的方法。

3. 设计一个汽车类 vehicle,包含的数据成员有车轮个数 wheels 和车重 weight。小车类 car 是它的私有子类其中包含载人数 passenger_load。卡车类 truck 是 vehicle 的私有子类,其中包含载人数 passenger_load 和载重量 payload,每个类都有相关数据的输出方法。

4. 定义一个哺乳动物类 Mammal,再由此派生出狗 Dog 类,二者都定义 Speak()成员函数,基类中定义为虚函数,定义一个 Dog 类的对象,调用 Speak 函数,观察运行结果。

5. 设计一个汽车类 Motor,该类具有可载人数、轮胎数、功率值、生产厂家和车主 5 个数据成员,根据 Motor 类派生出 Car 类、Bus 类和 Truck 类。其中 Bus 类除继承基类的数据成员之外,还具有表示车厢节数的数据成员 Number;Truck 类除继承基类的数据成员之外,还具有表示载重量的数据成员 Weight。每个类都有成员函数 Display,用于输出各类对象的相关信息。在主函数中分别创建各类对象,并输出各类对象的信息。

6. 定义一个 Shape 抽象类,在此基础上派生出 Square 类、Rectangle 类、Circle 类和 Trapezoid 类。四个派生类都有成员函数 CaculateArea 计算几何图形的面积,CaculatePerim 计算几何图形的周长。要求用基类指针数组,使它每一个元素指向一个派生类对象,计算并输出各自图形的面积和周长。

第8章

泛型类与异常处理

学习目标

掌握使用. NET Framework 类库提供的常用泛型类；

掌握泛型方法和泛型类定义方法；

掌握常用异常类的使用方法,理解异常处理机制。

授课内容

8.1　泛型类

在 C♯2.0 中,微软引入了泛型(generic)类,它提供了一种更准确地使用有一种以上的类型的代码的方式。泛型,是指将程序中的数据类型参数化,通过它就可以定义类型安全的类,而又不会损害类型安全和性能。泛型是一种类型占位符,或称之为类型参数。一个方法中,一个变量的值可以作为参数,但这个变量的类型本身也可以作为参数,泛型能将一个实际的数据类型的定义延迟至泛型的实例被创建时才确定。这种机制给用户带来类型安全和减少装箱、拆箱这两个好处。

泛型类,是在实例化类的时候指明泛型的具体类型；泛型方法,是在调用方法的时候指明泛型的具体类型。

泛型类是对类的抽象,用它可生成一批具体的类。泛型类的定义方法为：

```
class 类名＜类型参数＞
{
    //类成员声明
}
```

在使用泛型类时,用实际类型名去取代类型参数,进行对象的定义。其方法为：

```
类名＜类型实参＞ 对象;
```

【例 8-1】　定义一个求最大值的类模板 AnyType,并测试使用该类模板。

程序：

```
using System;
class AnyType<T>
{
    T x, y;
    public AnyType(T a, T b)
    {
        x = a;
        y = b;
    }
    public T Max()
    {
        int t = System.Collections.Comparer.Default.Compare(x, y);
        return t>0? x:y;
    }
}
class Program
{
    static int Main()
    {
        AnyType<int> i = new AnyType<int>(1, 2);
        AnyType<double> d = new AnyType<double>(1.5, 2.7);
        AnyType<char> c = new AnyType<char>('a', 'b');
        AnyType<string> s = new AnyType<string>("Hello","template");
        Console.WriteLine("整型类:" + i.Max());
        Console.WriteLine("双精度类:" + d.Max());
        Console.WriteLine("字符类:" + c.Max());
        Console.WriteLine("字符串类:" + s.Max());
        return 0;
    }
}
```

输入和输出：

整型类:2

双精度类:2.7

字符类:b

字符串类:template

【例 8 - 2】 定义一个通用的栈模板并测试。

程序：

```
using System;
```

```csharp
class AnyStack<T>
{
    T[] m_tStack;
    int m_nMaxElement;
    int m_nTop;
    public AnyStack(int n)
    {
        m_tStack = new T[n];
        m_nMaxElement = n;
        m_nTop = 0;
    }
    public int GetLength() { return m_nTop; }
    public bool Push(T elem)
    {
        if (m_nTop< = m_nMaxElement)
        {
            m_tStack[m_nTop] = elem;
            m_nTop + + ;
            return true;
        }
        else
            return false;
    }
    public bool Pop(ref T elem)
    {
        if (m_nTop > 0)
        {
            m_nTop - - ;
            elem = m_tStack[m_nTop];
            return true;
        }
        else
            return false;
    }
}
class Program
{
    static int Main()
    {
```

```
            int n = 0;
            string s1 = "";
            AnyStack<int> iStack = new AnyStack<int>(10);
            iStack.Push(5);
            iStack.Push(6);
            iStack.Pop(refn);
            Console.WriteLine("第一个出栈整数 = " + n);
            iStack.Pop(refn);
            Console.WriteLine("第二个出栈整数 = " + n);

            AnyStack<string> strStack = new AnyStack<string>(10);
            strStack.Push("It's the first string");
            strStack.Push("It's the second string");
            strStack.Pop(ref s1);
            Console.WriteLine("第一个出栈字符串 = " + s1);
            strStack.Pop(ref s1);
            Console.WriteLine("第二个出栈字符串 = " + s1);
            return 0;
        }
}
```

输入和输出：

第一个出栈整数 = 6

第二个出栈整数 = 5

第一个出栈字符串 = It's the second string

第二个出栈字符串 = It's the first string

8.2　泛型方法

除了有泛型类,还有泛型方法。

泛型方法既可以包含在泛型类中,也可以包含在非泛型类中,或者在结构和接口中声明。泛型方法用于定义一个抽象通用的方法,用它可以生成一批具体的方法,定义泛型方法的格式为:

　　　　方法修饰符 返回值类型 方法名<类型参数列表>(方法参数列表) where 约束子句

　　　　{

　　　　　　…… ……

　　　　}

在使用泛型方法时,泛型中的类型参数用一个实际参数类型替换,从而达到类型通用的目的。

【例 8 - 3】　定义一个交换两个数据的函数模板。

程序:

```
using System;
class Program
{
    public static void Swap<T>(ref T a, ref T b)
    {
        T temp;
        temp = a;
        a = b;
        b = temp;
    }
    static int Main()
    {

        double d1 = 3.3, d2 = 5.2;
        string str1 = "xjtu", str2 = "pku";
        //泛型方法的调用与非泛型方法的调用一致
        My.Swap<double>(ref d1, ref d2);
        Console.WriteLine("d1 = {0}, d2 = {1}", d1, d2);
        My.Swap<string>(ref str1, ref str2);
        Console.WriteLine("str1 = {0}, str2 = {1}", str1, str2);
        return 0;

    }
}
```

输入和输出:

d1 = 5.2, d2 = 3.3

str1 = pku, str2 = xjtu

　　在定义泛型类时,可以对客户端代码能够在实例化类时用于类型参数的类型种类施加限制。如果客户端代码尝试使用某个约束所不允许的类型来实例化类,则会产生编译时错误。这些限制被称为约束。约束是使用 where 上下文关键字指定的。表 8 - 1 列出了六种类型的约束。

表 8 - 1　常用的 where 约束名称

约　束	说　明
T: struct	类型参数必须是值类型
T: class	类型参数必须是引用类型,包括任何类、接口、委托或数组类型
T: new()	类型参数必须具有无参数的公共构造函数。当与其他约束一起使用时,new() 约束必须最后指定
T: <基类名>	类型参数必须是指定的基类或派生自指定的基类

约　束	说　明
T:<接口名称>	类型参数必须是指定的接口或实现指定的接口。可以指定多个接口约束。约束接口也可以是泛型的
T:U	为 T 提供的类型参数必须是为 U 提供的参数或派生自为 U 提供的参数。这被称为裸类型约束

8.3　常用泛型类

泛型类最常用于集合,如链接列表、哈希表、堆栈、队列、树等。像从集合中添加和移除项这样的操作都以大体上相同的方式执行,与所存储数据的类型无关。对大多数集合类的操作,推荐使用. NETFramework 类库中所提供的类。表 8 - 2 列出了 System. Collections. Generic 命名空间的核心类及说明。

表 8 - 2　System. Collections. Generic 命名空间的核心类及说明

泛型类	说　明
Stack<T>	表示一个后进先出的对象集合。当用户需要对各项进行后进先出的访问时,则使用堆栈。当用户在列表中添加一项,称为推入元素,当用户从列表中移除一项时,称为弹出元素
Queue<T>	表示对象的先进先出集合,存储在 Queue(队列) 中的对象在一端插入,从另一端移除
List<T>	使用大小可以按需动态增加的数组
LinkedList<T>	表示双向链表 表示键/值对的集合,这些键值对按键排序并可按照键和索引访问
SortedList<K,T>	在内部维护两个数组以存储列表中的元素,即:一个数组用于键,另一个数组用于相关联的值
SortedDictionary<K,T>	提供了从一组键到一组值的映射。字典中的每个添加项都由一个值及其相关联的键组成。泛型类是检索运算复杂度为 $O(\log n)$ 的二叉搜索树

【例 8 - 4】　利用泛型类 Stack,实现字符串的入栈、出栈、清空等操作。
程序:

```
using System;
using System.Collections.Generic;
class Program
{
    static int Main()
    {
```

```
            Stack<string> stack1 = new Stack<string> ();
            stack1.Clear();
            stack1.Push("程序设计");
            stack1.Push("英语");
            stack1.Push("数学");
            stack1.Push("物理");
            Console.WriteLine("各个元素出栈的顺序如下:");
            while( stack1.Count > 0)
                Console.WriteLine(stack1.Pop());
            return 0;
        }
}
```

输入和输出:

各个元素出栈的顺序如下:

物理

数学

英语

程序设计

【例 8 - 5】 利用泛型类 Queue,实现字符串的入队、出队、清空和输出队列元素等操作。

程序:

```
using System;
using System.Collections.Generic;
class Program
{
    static int Main()
    {
        Queue<string> q = new Queue<string> ();
        q.Clear();
        Console.WriteLine("现在入队 3 个元素");
        q.Enqueue("程序设计");
        q.Enqueue("数据结构");
        q.Enqueue("高等数学");
        Print(q);
        Console.WriteLine("现在出队 1 个元素");
        q.Dequeue();
        Print(q);
        Console.WriteLine("现在入队 1 个元素");
        q.Enqueue("操作系统");
```

```
        Print(q);
        return 0;
    }
    static void Print(Queue<string> q)
    {
        string []quearray = new string [q.Count];
        int i;
        q.CopyTo(quearray, 0);
        Console.WriteLine("目前队列中有以下{0}个元素:", q.Count);
        for(  i = 0; i<q.Count; i++)
            Console.WriteLine("({0}) {1}", i, quearray[i]);
    }
}
```

输入和输出:

现在入队 3 个元素

目前队列中有以下 3 个元素:

(0) 程序设计

(1) 数据结构

(2) 高等数学

现在出队 1 个元素

目前队列中有以下 2 个元素:

(0) 数据结构

(1) 高等数学

现在入队 1 个元素

目前队列中有以下 3 个元素:

(0) 数据结构

(1) 高等数学

(2) 操作系统

8.4　异常处理机制

　　程序运行期间可能会出现一些异常错误,例如,使用 new 无法取得所需内存、除数为零、数组下标超界和无效方法参数、文件打开错误等。异常处理机制能够使用程序具备捕获和处理错误的功能,增加了程序的健壮性,也提高了程序的可读性和可维护性。

　　异常处理机制的基本思想是将异常的检测与处理分离。当在一个函数体中检测到有异常条件存在,但无法确定相应的处理方法时,将引发一个异常,并由函数的直接或间接调用者检测并处理这个异常。

　　异常处理由 4 个保留字实现:throw、try、catch、finally。在一般情况下,被调用方法直接检测到异常条件并用 throw 引发一个异常,在上层调用方法中使用 try 来检测方法调用是否发生异常,被检测到的各种异常由 catch 语句捕获并作相应的处理。

其一般形式如下:

```
try
{
    语句块 1                      //可能引发异常的代码
}
catch(异常类型 1  异常对象 1)     //捕捉异常类 1 对象
{
    语句块 2                      //实现异常处理
}
finally
{
    语句块 3                      //无论是否异常,都要进行处理
}
```

注意:

(1)引发异常的 throw 语句必须在 try 语句块内,或是由 try 语句块中直接或间接调用的方法体执行。其一般形式如下:

```
throw exception;
```

(2)catch 语句的类型匹配过程中不作任何类型转换。

(3)可以省略 catch 块,即使用 try-finally 结构,这时不对异常进行处理。

C♯名字空间 System 中的 Exception 类是. NET 框架的异常类机制中的所有异常基类。该类有以下几个常用的属性,用于形成错误的消息,表示捕获的异常。

1. Message

Message 属性存储与 Exception 对象相关的错误消息。这个消息可以是与异常类型相关联的默认消息或抛出 Exception 对象时传入 Exception 对象构造函数的定制消息。

2. StackTrace

该属性包含的字符串表示方法调用堆栈。StackTrace 表示系列方法在发生异常时还没有处理完毕。

堆栈踪迹显示发生异常时的完整方法调用堆栈。堆栈中的信息包括发生异常时调用堆栈中的方法名、定义这些方法的类名和定义这些类的名字空间。

3. innerException

InnerException 属性返回与传递给构造函数的值相同的值,如果没有向构造函数提供内部异常值,则返回 null 引用,此属性为只读。

4. HelpLink

HelpLink 属性指定描述所发生问题的帮助文件的地址。如果没有这个文件,则该属性为 null。

5. 其他的 Exception 属性

其他的 Exception 属性包括 Data、Source 和 TargetSite。Data 属性是可以保存任意数

据(以键值对的形式)的 IDictionary。Source 属性指定发生异常的程序名。TargetSite 属性指定产生异常的方法。

算法溢出,是指在运算时,运算结果超出了某种数据类型所能表示的取值范围。C♯语句既可以在已检查的上下文中执行,也可以在未检查的上下文中执行。在已检查的上下文中,算法溢出引发异常。在未检查的上下文中,算法溢出被忽略并且结果被截断。

在 C♯程序中,使用 unchecked 关键字对整型算术运算和转换显式启用溢出检查,使用 unchecked 关键字取消整型算术运算和转换的溢出检查。其格式如下:

    check 语句;

    uncheck 语句;

其中,语句可以为简单语句、结构语句和复合语句。

8.5　常用异常类

C♯语言中所有的异常必须用一个 System. Exception 类或其派生类的实例表示,例如,DivideByZeroException 和 FormatException 都是该类的派生类。C♯中常见的系统异常类见表 8-3。

表 8-3　System 命名空间下的异常类及说明

异常类	说　明
1. 基类 Exception	
Exception	所有异常的基类
2. 常见的异常类	
SystemException	System 命名空间中所有其他异常类的基类
ApplicationException	表示应用程序发生非致命错误时所引发的异常
3. 与参数有关的异常类	
ArgumentException	所有参数异常的基类
FormatException	用于处理参数格式错误的异常
ArgumentNullException	一个空参数传递给方法
ArgumentOutOfRangeException	参数值超出范围
4. 与成员访问有关的异常	
MemberAccessException	访问类成员的尝试失败时引发的异常
FileAccessException	用于处理访问字段成员失败所引发的异常
MethodAccessException	用于处理访问方法成员失败所引发的异常
MissingMemberException	用于处理成员不存在时所引发的异常
5. 与数组有关的异常	
IndexOutOfException	仅当错误地对数组进行索引时,才由运行库引发
ArrayTypeMismatchException	当试图在数组中存储类型不正确的元素时引发的异常
RankException	将维数错误的数组传递给方法时引发的异常

续表

异常类	说　明
6. 与 IO 有关的异常	
DirectionNotFoundException	用于处理没有找到指定的目录而引发的异常
FileNotFoundException	用于处理没有找到文件而引发的异常
EndOfStreamException	用于处理已经到达流的末尾而还要继续读数据而引发的异常
FileLoadException	用于处理无法加载文件而引发的异常
PathTooLongException	用于处理由于文件名太长而引发的异常
7. 与算术有关的异常	
ArithmeticException	用于处理与算术有关的异常
DivideByZeroException	整数十进制运算中试图除以零而引发的异常
NotFiniteNumberException	浮点数运算中出现无穷大或者非负值时所引发的异常

【例 8 - 6】　使用异常处理机制,编写程序检查小学生年龄是否正确,要求能够处理年龄小于 0 岁和大于 20 岁的异常情况。

程序:

```
using System;
class Program
{
    static void testfun(int StudentAge)
    {
        try
        {
            if (StudentAge<0 || StudentAge > 20)
                thrownew Exception("学生年龄必须在 0~20 之间!");
            Console.WriteLine("学生年龄:" + StudentAge);
        }
        catch (Exception e)
        {
            Console.WriteLine(e.Message);
        }

    }
    static int Main()
    {
        Console.WriteLine("请输入小学生年龄:");
        int x = Convert.ToInt32(Console.ReadLine());
        testfun(x);
```

```
            return 0;
        }
    }
```

输入和输出：

请输入小学生年龄：

23

学生年龄必须在 0～20 之间！

【例 8 - 7】 除 0 异常处理示例。

程序：

```
using System;
class Program
{
    static double Division(double x, double y)
    {
        if (y = = 0)
            thrownew Exception("divide by zero.");
        return x/y;
    }
    static void Main()
    {
        double a = 1, b = 0;
        double result = 0;
        Console.WriteLine("Input two numbers:");
        a = Convert.ToDouble(Console.ReadLine());
        b = Convert.ToDouble(Console.ReadLine());
        try
        {
            result = Division(a, b);
            Console.WriteLine("{0}/{1} = {2}", a, b, result);
        }
        catch (Exception e)
        {
            Console.WriteLine("Exception occurred:" + e.Message);
        }
    }
}
```

输入和输出：

Input two numbers:

2

0

Exception occurred：divide by zero.

【例 8 - 8】　求一元二次方程 $ax^2+bx+c=0$ 的根，其中系数 a、b、c 均为实数，其数值由键盘输入。要求使用异常处理机制。

程序：

```
using System;
class Program
{
    static void Root(double a, double b, double c)
    {
        double x1, x2, delta;
        delta = b * b - 4 * a * c;
        if (a = = 0) thrownew Exception("a = 0");
        if (delta<0) thrownew Exception("delta<0");
        x1 = ( - b + Math. Sqrt(delta))/(2 * a);
        x2 = ( - b - Math. Sqrt(delta))/(2 * a);
        Console. WriteLine("x1 = " + x1 + "\nx2 = " + x2);
    }
    static int Main()
    {
        double a, b, c;
        Console. WriteLine("Please input a, b, c = ?");
        a = Convert. ToDouble(Console. ReadLine());
        b = Convert. ToDouble(Console. ReadLine());
        c = Convert. ToDouble(Console. ReadLine());
        try
        {
            Root(a, b, c);
        }
        catch (Exception e)
        {
            Console. WriteLine("Exception occurred：" + e. Message);
        }
        return 0;
    }
}
```

输入和输出：

Please input a, b, c = ?

1

4

9

Exception occurred：delta＜0

8.6　应用程序举例

【例 8 - 9】　设计一个学生数据类型,该类型由 4 个不同类型的数据构成,分别表示学生的学号、姓名、年龄和身高,用来处理一个学生的记录,编写该类的构造函数(Student)和显示每条记录的输出(ShowMe)函数。利用泛型类 List 来实现线性表的插入、删除、显示和按学生定位等操作。

程序:

```csharp
using System;
using System.Collections.Generic;
class Student
{
    public string id;
    public stringname;
    public int age;
    public double height;
    public Student(string a, string b, int c, double d)
    {
        id = a;
        name = b;
        age = c;
        height = d;
    }
    public void ShowMe()
    {
        Console.WriteLine("学号:{0}    姓名:{1}    年龄:{2}    身高{3}", id,name,
                    age, height);
    }
}
class Program
{
    static int Main()
    {
        List<Student> list = new List<Student>();
        Student s1 = new Student("13010101","张三", 18, 170.5);
        Student s2 = new Student("13010102","李四", 19, 167.2);
```

```
        Student s3 = new Student("13010103","王五", 18, 176.7);

        list.Add(s1);              //插入线性表
        list.Add(s2);              //插入线性表
        list.Add(s3);              //插入线性表
        Print(list);              //输出线性表
        string sid;
        int n = -1;
        Console.WriteLine("请输入要查找学生的学号");
        sid = Console.ReadLine();
        for (int i = 0;i<list.Count;i++)
        {
            if (list[i].id == sid)            //按学号查找线性表
                n = i;
        }
        if (n > -1)
        {
            list[n].ShowMe();
        }
        else
            Console.WriteLine("该学号不存在");
        Console.WriteLine("请输入要删除的记录的序号(从 0 开始)");
        n = Convert.ToInt32(Console.ReadLine());
        if (n >= 0 &&n<list.Count)
        {
            list.RemoveAt(n);                  //删除第 n 条记录
            Console.WriteLine("删除一条记录后的线性表如下:");
            Print(list);                //输出所有线性表
        }
        else
            Console.WriteLine("输入的记录号不对");
        list.Clear();                          //清空所有线性表
        Console.WriteLine("清空线性表后内容:");
        Print(list);                //输出所有线性表
        return 0;
}
static void Print(List<Student> L)
{
    int i;
```

```
        Console.WriteLine("表长:{0}", L.Count);
        for (i = 0; i<L.Count; i++)
            L[i].ShowMe();
    }
}
```

输入和输出：

表长:3

学号:13010101　　姓名:张三　　年龄:18　　身高 170.5

学号:13010102　　姓名:李四　　年龄:19　　身高 167.2

学号:13010103　　姓名:王五　　年龄:18　　身高 176.7

请输入要查找学生的学号

13010101

学号:13010101　　姓名:张三　　年龄:18　　身高 170.5

请输入要删除的记录的序号(从 0 开始)

0

删除一条记录后的线性表如下：

表长:2

学号:13010102　　姓名:李四　　年龄:19　　身高 167.2

学号:13010103　　姓名:王五　　年龄:18　　身高 176.7

清空线性表后内容：

表长:0

上机练习题

1. 编写一个求绝对值的函数模板，并测试。
2. 请将冒泡排序法改写成为模板函数并编写一个程序进行测试。
3. 例 8-3 中所定义的通用栈类实际上是不完善的，如无法根据用户需求改变栈的大小，没有提供栈满溢出、无法压入和空栈无法弹出提示等，请改进该程序。
4. 创建一个控制台应用程序，声明 3 个 int 类型的变量 x、y、z，并将变量 x 和 y 分别初始化为 8000000，然后使 y 等于 x 和 y 的乘积，最后引发 System.OverflowException 类异常。
5. 给出求阶乘 $n!$ 的函数，当用户的输入太大时(如 50)，会出现错误。请编写一个程序，使用异常处理机制来解决这一问题。

第9章

文件和流

学习目标

掌握.NET类库中提供的有关文件和流的类的使用方法,以及如何通过流来读/写文件。

授课内容

变量只是暂时保存数据,当与之相关的对象回收或程序终止时,这些数据就会丢失。为了防止程序中各种对象的信息随程序的关闭而丢失,就必须将信息保存在硬盘等持久性媒质上(硬盘、移动磁盘、CD、磁带等)。C♯语言中,对包括文件(file)在内的所有设备的 I/O(输入/输出)操作都是以流(stream)的形式实现的。通过流,程序可以从各种输入设备读取数据,向各种输出设备输出数据。

9.1　文件和流简介

文件和流既有区别又有联系。文件是在各种媒质上永久存储的数据的有序集合。它是一种进行数据读/写操作的基本对象。通常情况下文件按照树状目录进行组织,每个文件都有文件名、文件所在路径、创建时间、访问权限等属性。

流非常类似于单独的磁盘文件,也是进行数据读写操作的基本对象。流提供了连续的字节流存储空间。虽然数据实际存储的位置可能不连续,甚至可以分布在多个磁盘上,但实际上看到的是封装以后的数据结构,是连续的字节流抽象结构。这和一个文件也可以分布在磁盘上的多个扇区一样。除了和磁盘文件直接相关的文件流以外,流有多种类型,可以分布在网络、内存或磁带中。

C♯语言中所使用的流类型主要有三种:第一种是字节流,第二种是字符流,第三种是二进制流。字节流类由 Stream 类派生而来。Stream 的派生类包括 BufferedStream、FileStream 和 MemoryStream 类。这些类把数据作为字节序列来进行读/写。字符流类包括 StreamReader、StreamWriter、StringReader、StringWriter、TextReader 和 TextWriter 类。二进制流包括 BinaryReader 和 BinaryWriter 类。它们是封装数据流的二进制 I/O 类,用来读/写各种类型的数据。

对流有 5 种基本的操作：打开、读取、写入、改变当前位置和关闭。根据流对象的创建方式，对流的访问可以是同步或异步的。有些流类使用缓冲区来改善性能。

C♯允许使用各种目录和文件相关的类来操作目录和文件，比如 File 类和 FileInfo 类。

File、FileInfo 和 FileStream 中经常使用枚举类 FileMode 和 FileAccess，下面分别介绍。

FileMode 枚举成员列表如下：

（1）Append，打开现有文件并在末尾添加或创建新文件。FileMode、Append 只能同 FileAccess. Write 一起使用。任何读尝试都将失败并引发异常。

（2）Create，创建新文件。如果文件已存在，它将被改写。如果文件不存在，则使用 CreateNew；否则使用截断 Truncate。

（3）CreateNew，创建新文件。如果文件已存在，则引发异常。

（4）Open，打开现有文件。

（5）OpenOrCreate，打开文件（如果文件存在）；否则，创建新文件。

（6）Truncate，打开现有文件。文件一旦打开，就将被截断为零字节大小。

FileAccess 枚举成员列表如下：

（1）Read，对文件的只读访问。

（2）ReadWrite，对文件的读/写访问。

（3）Write，对文件的只写访问。

其中 FileAccess 枚举包含定义文件访问的常量。使用 FileAccess 枚举元素的类有 File、FileInfo 和 FileStream 等。

9.2　Windows 文件系统的操作

对文件进行处理时，通常需要关联到驱动器、目录和文件等信息..NET 类库中定义有相应的类用于处理文件相关的信息。

9.2.1　File 和 FileInfo 类的基本操作

File 类提供了一系列静态方法，对文件进行复制、移动、重命名、创建、打开、删除和追加到文件等操作。因为 File 类方法是静态的，而且能在任何时间被调用，所有方法在开始执行前会先执行一次安全检查。

File 类常用静态方法很多，例如：

（1）Cope，将源文件复制为目标文件。

（2）Create，根据制定的路径创建一个文件，并返回同一个可以访问该文件的 FileStream 对象。

（3）CreateText，创建或打开一个文件用于写入 UTF-8 编码的 StreamWrite 对象。

（4）Delete，用于删除指定的文件。

（5）GetAttriibutes，返回一个 FileAttributes 对象。

（6）Move，把一个文件移动到一个新位置，并允许修改文件名。

（7）Open，根据指定模式来访问指定文件，并返回一个 FileStream 对象。

（8）OpenRead，以只读方式访问指定文件，并返回一个可以访问该文件的 FileStream 对象。

（9）OpenText，从指定路径的一个现有文件中读取文本，并返回一个 StreamReader 对象。

（10）OpenWrite，对指定路径的文件进行读/写操作，并返回一个 FileStream 对象。

（11）ReadAllBytes，打开指定文件，读取指定文件的所有内容到一个字节数组中。

（12）ReadAllText，打开指定文件，读取指定文件的所有内容到一个字节串数组中。

（13）Replace，用源文件内容替换目标文件内容，并备份目标文件。

（14）SetAttributes，设置指定路径上文件的指定的 FileAttributes。

（15）WriteAllBytes，创建一个新文件，在其中写入指定的字节数组，然后关闭该文件。如果目标文件已存在，则改写该文件。

（16）WriteAllLines，创建一个新文件，在其中写入指定的字符串，然后关闭该文件。如果目标文件已存在，则改写该文件。

（17）WriteAllText，创建一个新文件，在文件中写入内容，然后关闭文件。如果目标文件已存在，则改写该文件。

FileInfo 拥有一些公共属性和方法，并且这些类的成员都不是静态的。需要实例化这些类，把每个实例与特定的文件关联起来。FileInfo 常用属性也有很多，例如：

（1）Attributes，当前文件的 FileAttributes，可读/写。

（2）Directory，获取当前文件父目录的 DirectoryInfo 对象。

（3）Exists，如果该文件存在，则为 ture；否则为 false。

（4）Exension，获取当前文件扩展名的字符串。

（5）IsReadOnly，当前文件为只读，则为 ture；否则为 false。

（6）Length，获取当前文件大小。

使用 FileInfo 前必须先创建一个实例，其构造函数的声明如下：

```
public  FileInfo(string fileName)
```

FileInfo 对象必须与一个实际存在的文件相关联。

FileInfo 实例常用方法也有很多，例如：

（1）AppendText，向文件中附加文本。

（2）CopyTo，复制文件到新文件。

（3）Create，创建文件，返回一个 FileStream 流。

（4）CreateText，创建写入新文本文件的 StreamWriter。

（5）Delete，删除文件。

（6）MoveTo，将指定文件移动到新位置，并提供指定新文件名的选项。

（7）Open，用各种读/写访问权限和共享特权打开文件。

（8）OpenRead，创建只读 FileStream。

（9）OpenText，创建使用 UTF-8 编码从现有文本中进行读取的 StremReader。

（10）OpenWrite，创建只写 FileStream。

（11）Replace，使用当前 FileInfo 对象所描述的文件替换指定文件的内容。这一过程将删除原始文件,并创建被替换文件的备份。

【例 9 - 1】 利用 File 类输出文件。

程序:

```
using System;
using System.IO;
class Program
{
    static void Main()
    {
        string str = "xjtu 西安交通大学";
        if (File.Exists("file.txt"))
            File.Delete("file.txt");
        File.WriteAllText("file.txt", str);
        if (! File.Exists("file.txt"))
        {
            Console.WriteLine("文件创建失败!");
            return;
        }
    }
}
```

【例 9 - 2】 利用 File 类读入文件的内容。

程序:

```
using System;
using System.IO;
class Program
{
    static int Main()
    {
        string fname, strContent = "";
        Console.Write("请输入显示文件的名称:");
        fname = Console.ReadLine();
        try
        {
        if(File.Exists(fname))
            strContent = File.ReadAllText(fname);
            Console.WriteLine(strContent);
        }
        catch (Exception e)
        {
```

```
            Console.WriteLine(e.Message);
        }
        return 0;
    }
}
```

输入和输出：

请输入显示文件的名称：file.txt

xjtu 西安交通大学

【例 9-3】　利用 FileInfo 类创建、复制、移动和删除文件。

程序：

```
using System;
using System.IO;
class Program
{
    static int Main()
    {
        string FileName = @"c:\Temp\zhang.txt";
        FileInfo fi = new FileInfo(FileName);
        if (fi.Exists)
        {
            Console.WriteLine("文件已存在");
            fi.Delete();
        }
        else
        {
            fi.CreateText();
            fi.CopyTo(@"c:\Temp\li.txt");
        }
        return 0;
    }
}
```

9.2.2　Directory 和 DirecotoryInfo 类的基本操作

Directory 类定义了许多用来创建、移动和遍历目录及子目录的静态方法。对于拥有一个路径参数的方法，路径参数可以是相对路径也可以是绝对路径，并且可以指向一个文件或目录。因为 Directory 类方法是静态的，而其又可以在任意位置被调用，所以在开始前它们都需要执行安全检查。

Directory 类的主要方法也有很多，例如：

(1)CreateDirectory，创建目录。

(2)Delete,删除目录。

(3)Move,从当前目录移动到新目录,源和目标目录位于同一目录下则应重命名。

(4)GetDirectories,获取子目录。

(5)GetFiles,获取目录下文件。

(6)Exists,判断目录是否存在。

(7)SetCreationTime,设置目录创建时间。

(8)SetLastAccessTime,设置目录最后访问时间。

(9)SetLastWriteTime,设置目录最后写入时间。

DirectoryInfo 类和 Directory 类类似,都用于提供目录管理功能。使用 DirectoryInfo 类可以创建、删除、复制、移动和重命名目录,也可以获取和设置与目录的创建、访问及写入等操作相关的信息。

需要注意的是,Directory 是个静态类,也就是说它不可以被实例化,但是可以直接运用由该类定义的各种方法,或者通过继承产生并实例化其派生类。使用时,Directory 不需要实例化,其方法的效率比使用相应的 DirectoryInfo 实例方法的效率更高,但 Directory 类的静态方法对所有方法都执行安全检查,如果打算多次重用某个目录对象,应考虑改用 DirectoryInfo 类的实例方法。

DirectoryInfo 类的重要方法有很多,例如:

(1)Create,创建目录。

(2)Delete,删除目录。

(3)Move,从当前目录移动到新目录。源和目标目录位于同一目录下则应重命名。

(4)GetDirectories,获取子目录。

(5)GetFiles,获取目录下文件。

DirectoryInfo 类没有提供修改目录属性的方法,目录属性的修改可以通过修改 DirectoryInfo 类实例的属性来实现。DirectoryInfo 类中提供的常用目录属性有很多,例如:

(1)Exists,目录是否存在,bool 类型,只读。

(2)Attributes,文件系统属性,FileAttributes 类型,读/写。

(3)FullName,当前目录完整路径,string 类型,只读。

(4)CreationTime,目录创建时间,DateTime 类型,读/写。

(5)LastAccessTime,目录最后访问时间,DateTime 类型,读/写。

(6)LastWriteTime,目录最后被写入时间,DateTime 类型,读/写。

(7)Parent,父目录,DirectoryInfo 类型,只读。

(8)Root,目录所在根目录,DirectoryInfo 类型,只读。

【例 9 - 4】 利用 DirectoryInfo 类浏览文件夹的信息。

程序:

```
using System;
using System.IO;
class Program
{
    static void Main()
```

```
    {
        DirectoryInfo dir = new DirectoryInfo(@"c:\temp");
        Console.WriteLine("Folders:");
        foreach (DirectoryInfo d in dir.GetDirectories())
            Console.WriteLine(d.Name);
        Console.WriteLine("Files:");
        foreach (FileInfo f in dir.GetFiles())
            Console.WriteLine(f.Name);

    }
}
```

【例 9 - 5】 利用 DirectoryInfo 类创建目录。

程序:

```
using System;
using System.IO;
class Program
{
    static int Main()
    {
        string DirName = @"c:\Temp";
        DirectoryInfo dir = new DirectoryInfo(DirName);
        if (dir.Exists)
            Console.WriteLine("文件夹已存在");
        else
            dir.Create();
        return 0;
    }
}
```

9.2.3 DriveInfo 类的基本操作

DriveInfo 类提供查询驱动器信息的方法和属性。其常用方法为:
GetDrives,静态方法,获取所有逻辑驱动器名称。
DriveInfo 类常用属性有很多,例如:
(1) AvailableFreeSpace,驱动器上当前用户的可用空闲空间量。
(2) TotalFreeSpace,驱动器上所有空间的可用空闲空间总量。
(3) TotalSize,驱动器上存储空间的总大小。
(4) DriveFormat,获取文件系统名称(NTFS、FAT32)。
(5) DriveType,查看驱动器类型。
(6) Name,获取或设置驱动器的盘符。

（7）VolumeLabel，获取或设置驱动器的卷标。

【例 9 - 6】 利用 DriveInfo 类来显示计算机中驱动器的信息。

程序：

```
using System;
using System.IO;
class Program
{
    static void Main()
    {
        DriveInfo[] allDrives = DriveInfo.GetDrives();
        for (int i = 0; i<allDrives.Length - 1; i++)
        {
            DriveInfo t = allDrives[i];
            Console.WriteLine("盘符：{0}，大小：{1}，空闲：{2}，文件系统：{3}，类
                               型：{4}", t.Name, t.TotalSize, t.Available-
                               FreeSpace, t.DriveFormat, t.DriveType);
        }
    }
}
```

输入和输出：

盘符：C:\，大小：209711706112，空闲：130647855104，文件系统：NTFS，类型：Fixed

盘符：D:\，大小：209715195904，空闲：78445092864，文件系统：NTFS，类型：Fixed

盘符：E:\，大小：209711706112，空闲：179210338304，文件系统：NTFS，类型：Fixed

9.3　文本文件的读写

StreamReader 类 和 StreamWriter 类用于文本文件的数据读写。这些类从抽象基类 Stream 继承，Stream 支持文件流的字节读写。

（1）StreamReader 类，以一种特定的编码从字节流中读取字符。

（2）StreamWriter 类，以一种特定的编码向流中写入字符。

要创建一个 StreamWriter 对象，使用 new 语句，其常用格式为：

```
public StreamReader(string path)
public StreamReader(string path, bool marks)
```

使用方法举例如下：

```
StreamWriter sw = new StreamWriter("C:\\File.txt");
StreamWriter sw = new StreamWriter("C:\\File.txt", True);
```

格式一：StreamWriter 的构造函数接收要写入文件的路径作为唯一的一个参数，该参数是 String 类型的。

格式二：在第二个语句中除了路径参数外，还有一个 bool 型的变量作为第二个参数。

在文件已经存在的情况下,该参数如果为 True,则新写入的数据被追加到文件尾;否则新数据将覆盖旧数据。如果文件不存在则创建新文件。

StreamWriter 对象中,核心的方法有:

(1)Write 方法:调用 StreamWriter 对象的 Write 方法,可以往文件中写入一个字符串。

(2)WriteLine 方法:调用 StreamWriter 的 WriteLine 方法,可以往文件中写入一个字符串和一个换行符(写入一行)。

(3)Close 方法:释放 StreamWriter 对象,并关闭打开的文件。

使用 StreamReader 读取标准文本文件的各行信息。创建一个 StreamReader 对象时,可以指定一个带有路径的文件名。一旦对象创建成功,便可以从该文本文件中读取字符了:

```
StreamReader srFile = new StreamReader ("C:\\MyFile.txt");
```

StreamReader 对象常用的方法有:

(1)Read 方法:从文件(流)中读入下一个字符。

(2)ReadLine 方法:从文件(流)中读入下一行字符。

(3)Close 方法:关闭打开的文件(流)。

(4)ReadToEnd 方法:从文件(流)的当前位置读到文件(流)的结尾。

(5)Peek 方法:返回文件(流)中的下一个字符,但并不读入该字符。

【例 9 - 7】　利用 StreamWriter 类创建一个名为"grade.txt"的文本文件,并写入 3 门课程的名字和成绩。

程序:
```
using System;
using System.IO;
class Program
{
    static int Main()
    {
        StreamWriter sw = new StreamWriter("grade.txt");
        sw.WriteLine("C# {0}", 89);
        sw.WriteLine("English {0}", 93);
        sw.WriteLine("Maths {0}", 87);
        sw.Close();
        return 0;
    }
}
```

输入和输出:
文件 grade.txt 中的内容为:
```
C# 89
English 93
Maths 87
```

【例 9 - 8】　利用 StreamReader 类读取"grade.txt"文件,并将文件内容显示在屏幕上。

程序：

```csharp
using System;
using System.IO;
class Program
{
    public static void Main()
    {
        try
        {
            StreamReader sr = new StreamReader("grade.txt");
            string line;
            line = sr.ReadToEnd();
            Console.WriteLine(line);
            sr.Close();
        }
        catch (Exception e)
        {
            Console.WriteLine(e.Message);
        }
    }
}
```

输入和输出：

```
C♯ 89
English 93
Maths 87
```

【例 9 - 9】 利用 StreamWriter 类从命令行读入一个 C♯ 源文件，每一行加上行号后在屏幕上显示出来。

程序：

```csharp
using System;
using System.IO;
class Program
{
    static int Main()
    {
        string strName;
        string strDoc;
        int i, ln = 1;
        char ch;
        try
```

```
        {
            Console.WriteLine("请输入要显示文件的名称:");
            strName = Console.ReadLine();
            StreamReader sr = new StreamReader(strName);
            strDoc = sr.ReadToEnd();
            sr.Close();
            Console.Write("{0:D4}", ln++);
            for(i = 0;i<strDoc.Length;i++)
            {
                ch = strDoc[i];
                Console.Write(ch);
                if (ch = = '\n')
                {
                    Console.Write("{0:D4}", ln++);
                }
            }
        }
        catch (Exception e)
        {
            Console.WriteLine(e.Message);
        }
        return 0;
    }
}
```

输入和输出:

请输入要显示文件的名称:

program.cs

```
0001 using System;
0002 using System.IO;
0003 class Example
0004 {
0005     static int Main()
0006     {
0007         char ch;
0008         int x;
```

【例 9 - 10】　利用 StreamWriter 类将 1～10 的阶乘值输出到文件 File.txt 中。

程序:

```
using System;
using System.IO;
```

```
class Program
{
    static int Main()
    {
        string strName = "File.txt";
        try
        {
            Console.WriteLine("请输入要写入文件的名称:");
            strName = Console.ReadLine();

            StreamWriter wr = new StreamWriter(strName);
            int i, u = 1;
            wr.WriteLine("\ti\ti!");
            for (i = 1; i <= 10; i++)
            {
                u = u * i;
                wr.WriteLine("{0,8} {1,8}", i, u);
            }
            wr.Close();
        }
        catch (Exception e)
        {
            Console.WriteLine(e.Message);
        }
        return 0;
    }
}
```

输入和输出:

```
i        i!
1        1
2        2
3        6
4        24
5        120
6        720
7        5040
8        40320
9        362880
10       3628800
```

9.4　二进制文件的读写

　　C♯中可以通过 FileStream 类对二进制文件进行操作,但同时也有专门对二进制文件进行操作的 BinaryReader 类和 BinaryWriter 类。

　　(1)BinaryReader 类:用特定的编码将基元数据类型读作二进制值。

　　(2)BinaryWriter 类:以二进制形式将基元类型写入流,并支持用特定的编码写入字符串。

　　FileStream 类是文件操作基础类,支持同步读写操作,也支持异步读写操作。FileStream 类代表了能够访问一个文件的 I/O 流。它允许数据被写入文件或是从文件中读取。FileStream 类同时支持同步和异步的文件访问。它是一个相当原始的流,只能读取或写入一个字节或字节数组。

　　FileStream 类常用构造函数格式如下:

```
public FileStream(string path, System.IO.FileMode mode)
public FileStream(string path, System.IO.FileMode mode, System.IO.FileAc-
                  cess access)
```

　　FileStream 类提供的公共属性举例如下:

　　(1)CanRead:在派生类中重写时,获取指示当前流是否支持读取的值。

　　(2)CanSeek:在派生类中重写时,获取指示当前流是否支持查找功能的值。

　　(3)CanTimeout:在派生类中重写时,获取确定当前流是否超时的值。

　　(4)CanWrite:在派生类中重写时,获取指示当前流是否支持写入功能的值。

　　(5)Length:在派生类中重写时,获取用字节表示的流长度。

　　(6)Position:在派生类中重写时,获取或设置当前流中的位置。

　　FileStream 类提供的公共方法举例如下:

　　(1)BeginRead:开始异步读操作。

　　(2)BeginWrite:开始异步写操作。

　　(3)Close:关闭当前流并释放与之关联的所有资源。

　　(4)EndRead:等待挂起的异步读取完成。

　　(5)EndWrite:结束异步写操作。

　　(6)Flush:清空流的所有缓冲区,所有缓冲区数据都被写入到底层设备。

　　(7)Read:从流中读取字节序列到指定字节数组,并将流中的位置以读取的字节数为单位向前推进。

　　(8)ReadByte:从流中读取一个字节,并返回以 32 为整数后的值。流内的位置向前推进一个字节。到达流的末尾,返回 -1。

　　(9)Seek:根据相对于指定源点的指定字节偏移量来设定流内的当前位置。

　　(10)SetLength:以字节为单位设定指定的流长度。

　　(11)Write:把指定字节数组中的数据写入当前流。

　　(12)WriteByte:向输出流中写入指定的字节,并把流的位置向前推进一个单位。

FileStream 对象只提供了字节方式的写入。在构造了 FileStream 对象后可以将该对象进一步构造为 BinaryWriter 和 BinaryReader 对象，以获取更高级的功能。需要从一个存在的流来构造 BinaryWriter 和 BinaryReader 对象，例如：

```
    FileStream fsRW = new FileStream("D:\\File.bin", FileMode.Open, FileAccess.Read);
        BinaryWriter bwMyFile = new(fsRW);
```

BinaryWriter 提供了很多重载的 Write 方法来方便对文件的写入，举例如下：

(1)void Write(Boolean)：将 1 字节 Boolean 值写入当前流。

(2)void Write(Byte)：将一个无符号字节写入当前流。

(3)void Write(Char())：将字符数组写入当前流。

(4)void Write(Decimal)：将一个十进制数值写入当前流。

(5)void Write(Double)：将 8 字节浮点值写入当前流。

(6)void Write(Short)：将 2 字节有符号整数写入当前流。

(7)void Write(Integer)：将 4 字节有符号整数写入当前流。

(8)void Write(Long)：将 8 字节有符号整数写入当前流。

在 BinaryReader 中则有各自的读入方法，例如：

(1)ReadBoolean：从当前流中读取一个布尔值。

(2)ReadByte：从当前流中读取下一个字节。

(3)ReadBytes：从当前流中将 count 个字节读入字节数组。

(4)ReadChar：从当前流中读取下一个字符。

(5)ReadDecimal：从当前流中读取十进制数值。

(6)ReadDouble：从当前流中读取 8 字节浮点值。

(7)ReadSingle：从当前流中读取 4 字节浮点值。

(8)ReadString：从当前流中读取一个字符串。字符串有长度前缀。

【例 9-11】 利用 BinaryWriter 和 BinaryReader 类将斐波那契数列前 10 项数据写入二进制文件，然后再读出显示。

程序：

```
using System;
using System.IO;
class Program
{
    static int Main()
    {
        int[] x = { 0, 1, 1, 2, 3, 5, 8, 13, 21, 34, 55 };
        int[] y = new int[20];
        int i, count = 10;
        try
        {
```

```
            FileStream fs = new FileStream("my.dat", FileMode.Create);
            BinaryWriter bw = new BinaryWriter(fs);
            for ( i = 0; i< = count; i + +)
                bw.Write(x[i]);
            bw.Close();
            fs.Close();
             FileStream fs1 = new FileStream("my.dat", FileMode.Open, FileAc-
cess.Read);
            BinaryReader br = new BinaryReader(fs1);
            for ( i = 0; i< = count; i + +)
                y[i] = br.ReadInt32();
            br.Close();
            fs1.Close();
        }
        catch (Exception e)
        {
            Console.WriteLine(e.Message);
        }
        for (i = 0; i< = count; i + +)
            Console.Write("{0,4}", y[i]);
        Console.WriteLine();
        return 0;
    }
}
```

输入和输出：

```
   0   1   1   2   3   5   8  13  21  34  55
```

【**例 9 - 12**】 将 3 门课程的名称和成绩以二进制的形式存放在磁盘中，然后读出该文件，并将内容显示在屏幕上。

程序：

```
using System;
using System.IO;
class Program
{
    static int Main()
    {
        string strCourse;
        int iScore;
        FileStream fs = new FileStream("grade.dat", FileMode.Create);
```

```
        BinaryWriter bw = new BinaryWriter(fs);
        int i;
        for (i = 0; i<3; i++)
        {
            strCourse = Console.ReadLine();
            string[] str = strCourse.Split();
            strCourse = str[0];
            iScore = Convert.ToInt32(str[1]);
            bw.Write(strCourse);
            bw.Write(iScore);
        }
        bw.Close();
        fs.Close();

        FileStream fs1 = new FileStream("grade.dat", FileMode.Open);
        BinaryReader br = new BinaryReader(fs1);

        Console.WriteLine("File grade.dat:");
        for (i = 0; i<3; i++)
        {
            strCourse = br.ReadString();
            iScore = br.ReadInt32();
            Console.WriteLine(strCourse + "  " + iScore);
        }
        br.Close();
        fs1.Close();
        return 0;
    }
}
```

输入和输出：

```
C♯ 89
English 93
Maths 85
File grade.dat:
C♯   89
English  93
Maths   85
```

【例 9 - 13】 分别以十六进制的形式和 ASCII 码的形式显示文件的内容。

程序：

```csharp
using System;
using System.IO;
class Program
{
    static int Main()
    {
        string strName = "program.cs";
        string strContent = "";
        int i, j,k,n;
        char[] c;
        try
        {
            Console.WriteLine("Please input filename:");
            strName = Console.ReadLine();
            strContent = File.ReadAllText(strName);

        }
        catch (Exception e)
        {
            Console.WriteLine(e.Message);
        }
        c = strContent.ToCharArray();
        n = c.Length;
        for(k = 0;k<n;k = k + 16)
        {
            i = (n - k> = 16? 16:n - k);
            for (j = 0; j<i; j + + )
                Console.Write("{0:X2}", (int)c[k + j]);
            for (; j<16; j + + )
                Console.Write("   ");
            Console.Write("\t");
            for (j = 0; j<i; j + + )
                if (c[k + j] > = 0x20 && c[k + j]< = 0x7F)
                    Console.Write(c[k + j]);
                else
                    Console.Write(".");
            Console.WriteLine();
```

```
        }

        return 0;
    }
}
```

输入和输出：

```
Please input filename:program.cs
FE 75 73 69 6E 67 20 53 79 73 74 65 6D 3B 0D 0A          .using System;..
75 73 69 6E 67 20 53 79 73 74 65 6D 2E 49 4F 3B          using System.IO;
0D 0A 70 75 62 6C 69 63 20 63 6C 61 73 73 20 6C          ..public class l
69 73 74 0D 0A 7B 0D 0A 20 20 20 20 69 6E 74 65          ist..{..    inte
72 6E 61 6C 20 63 68 61 72 5B 5D 20 63 6F 75 72          rnal char[] cour
20 20 20 20 20 72 65 74 75 72 6E 20 30 3B 0D 0A 20       return 0;..
20 20 20 20 7D 0D 0A 7D 0D                               }..}.
```

9.5　应用程序举例

【例 9 - 14】　显示 .NET Framework 所支持的编码类型。

程序：

```
using System;
using System.Text;
class Program
{
    static void Main()
    {
        EncodingInfo[] ei = Encoding.GetEncodings();
        foreach (EncodingInfo e in ei)
            Console.WriteLine("{0}:{1},{2}", e.CodePage, e.Name, e.Dis-
                playName);
    }
}
```

输入和输出：

```
37:IBM037,IBM EBCDIC（美国-加拿大）
437:IBM437,OEM 美国
500:IBM500,IBM EBCDIC（国际）
10008:x-mac-chinesesimp,简体中文(Mac)
50227:x-cp50227,简体中文(ISO - 2022)
51932:euc-jp,日语(EUC)
```

51936:EUC-CN,简体中文(EUC)

51949:euc-kr,朝鲜语(EUC)

52936:hz-gb-2312,简体中文(HZ)

54936:GB18030,简体中文(GB18030)

…… ……

【例 9 - 15】 利用 FileStream 类创建文件,并将数据按 GB2312 格式写入到文件中。

程序:

```
using System;
using System.IO;
using System.Text;
class Program
{
    static void Main()
    {
        Encoding e1 = Encoding.GetEncoding("GB2312");
        FileStream fs = new FileStream("file.txt", FileMode.Create);
        if (! File.Exists("file.txt"))
        {
            Console.WriteLine("文件创建失败!");
            return;
        }
        string str = "西安交通大学";
        Byte[] bytes = e1.GetBytes(str);
        fs.Write(bytes, 0, bytes.Length);
        fs.Close();
    }
}
```

9.6 常用文件和流类小结

System.IO 命名空间中的类可用于将数据读取和写入文件或数据流。System.IO 命名空间中的类及其说明见表 9 - 1。

表 9 - 1 **System.IO 命名空间中的类及其说明**

类	说　明
BinaryReader	能够以二进制的形式读取数据
BinaryWriter	能够以二进制的形式存储数据
BufferedStream	给另一流上的读写操作添加一个缓冲层

类	说　明
Directory	用于操作目录,是一个静态类,可以直接调用方法完成操作
DirectoryInfo	用于操作目录,是"正常"类,需要创建一个 DirectoryInfo 对象,才能使用操作文件夹的方法
DriveInfo	提供驱动器的信息访问
File	对文件进行操作,同 Directory
FileInfo	对文件进行操作,同 DirectoryInfo
FileStream	以操作文件为主的 Stream,既支持同步读写操作,也支持异步读写操作
FileSystemInfo	FileInfo 和 DirectoryInfo 的基类
FileSystemWatcher	侦听文件系统更改通知,在目录或文件发生更改时引发事件
MemoryStream	内存流,为系统内存提供读写操作
Path	路径类,其对包含文件或目录信息的 string 字符串进行操作
StreamReader	实现一个 TextReader,按照一定的编码方式,以字节流的方式读取数据
StreamWriter	实现一个 TextWriter,按照一定的编码方式,以字节流的方式存储数据
StringReader	实现从字符串读取的 TextReader
StringWriter	实现用于将信息写入字符串的 TextWriter
TextReader	抽象类,是 StringReader、StreamReader 的父类
TextWriter	抽象类,是 StringWriter、StreamWriter 的父类

上机练习题

1. 编写一个程序,将 ASCII 字符集中码值为 33~126 的字符输出到文件 code. txt 中。要求分别输出以十进制值、八进制值、十六进制值以及码值表示的字符。
2. 一个文本文件有多行信息,编写程序读取其内容,统计最长的一行信息和最短的一行信息各有多少字符。
3. 已知一个文件内容是某公司雇员的信息。每一行的内容依次是编号、姓名、籍贯、年龄,样例如下:

001011 刘强 上海 19

001012 王刚 陕西 28

001013 李红 四川 25

…… ……

编写程序,首先将文件中小于 22 岁的人依次显示在屏幕上,并计算这些人的平均年龄后输出(四舍五入到整数)。然后再将文件中籍贯为"上海"的人依次显示在屏幕上,并统计他们的人数后输出。

4. 编写一个程序,可以读入一个 C♯ 语言的源文件,每一行加上行号后保存到另一个后缀为.prn 的同名文件中。

5. 一个文本文件由英文字母构成,读取该文件,将文件中的字符串"abc"换为"xyz"后写入新文件 out.txt,同时将新文件内容在屏幕上显示。

6. 一个文本文件中有一些正整数,这些正整数用逗号分开,个数不超过 20 个。编程读取该文件,想办法得到这些整数,计算所有数的平均值并在屏幕上显示。

7. 编写程序,实现文件复制。被复制文件和目标文件的名称由用户输入。

附录

ASCII 值与控制字符对照表

ASCII 值	控制字符	ASCII 值	控制字符	ASCII 值	控制字符	ASCII 值	控制字符
0	NUT	32	（space)	64	@	96	、
1	SOH	33	!	65	A	97	a
2	STX	34	"	66	B	98	b
3	ETX	35	♯	67	C	99	c
4	EOT	36	$	68	D	100	d
5	ENQ	37	%	69	E	101	e
6	ACK	38	&	70	F	102	f
7	BEL	39	,	71	G	103	g
8	BS	40	(	72	H	104	h
9	HT	41	)	73	I	105	i
10	LF	42	*	74	J	106	j
11	VT	43	+	75	K	107	k
12	FF	44	,	76	L	108	l
13	CR	45	—	77	M	109	m
14	SO	46	.	78	N	110	n
15	SI	47	/	79	O	111	o
16	DLE	48	0	80	P	112	p
17	DCI	49	1	81	Q	113	q
18	DC2	50	2	82	R	114	r
19	DC3	51	3	83	S	115	s
20	DC4	52	4	84	T	116	t
21	NAK	53	5	85	U	117	u
22	SYN	54	6	86	V	118	v
23	TB	55	7	87	W	119	w
24	CAN	56	8	88	X	120	x
25	EM	57	9	89	Y	121	y
26	SUB	58	:	90	Z	122	z
27	ESC	59	;	91	[	123	{
28	FS	60	<	92	\	124		
29	GS	61	=	93	]	125	}
30	RS	62	>	94	^	126	`
31	US	63	?	95	_	127	DEL

参考文献

[1] 唐大仕. C♯程序设计教程[M]. 2 版. 北京：清华大学出版社，2018.

[2] HORTON I. Ivor Horton's Beginning Visual C++ 2013[M]. Indianapolis：Wiley & Sons, Inc. , 2014.

[3] 罗建军，杨琦. C/C++语言程序设计案例教程[M]. 北京：清华大学出版社，2010.

[4] 罗建军，崔舒宁，杨琦. 大学 Visual C++程序设计案例教程[M]. 北京：高等教育出版社，2000.

[5] 吕军，杨琦，罗建军，等. Visual C++与面向对象程序设计教程[M]. 2 版. 北京：高等教育出版社，2000.

[6] 金雪云，陈建伟，张爱玲. Visual C♯ 2008 程序设计教程[M]. 北京：清华大学出版社，2011.

[7] 崔舒宁，杨振平，贾应智，杨琦. Visual C♯大学程序设计[M]. 北京：清华大学出版社，2016.

[8] 杨晓光，等. Visual C♯. NET 程序设计[M]. 北京：清华大学出版社，2006.

[9] 姚普选. C♯程序设计基础与实践[M]. 北京：人民邮电出版社，2015.

[10] 罗斌. Visual C++编程技巧精选[M]. 北京：中国水利水电出版社，2005.

[11] 王兴晶. Visual C++. Net 实用编程 150 例[M]. 北京：电子工业出版社，2003.

[12] 新东方 IT 教育. Visual C++. Net 实用案例教程[M]. 北京：清华大学出版社，2003.

[13] 金雪云. Visual C++教程[M]. 北京：清华大学出版社，2005.

[14] 郑阿奇. Visual C++教程[M]. 北京：清华大学出版社，2005.

[15] 东方人华. Visual C++ . Net 范例入门与提高[M]. 北京：清华大学出版社，2003.

[16] 陈元琰. Visual C++. Net MFC 类库应用详解[M]. 北京：科学出版社，2004.

[17] 计算机职业教育联盟. Visual C++. Net 基础教程与上机指导[M]. 北京：清华大学出版社，2005.

[18] 官章全. Visual C++ . Net 类库大全[M]. 北京：电子工业出版社，2002.

[19] 胡哲源. 掌握 Visual C++——MFC 程序设计与剖析[M]. 北京：清华大学出版社，2001.

[20] 微软公司. MSDN[EB/OL]. http://msdn. microsoft. com/